LES

CÉPAGES ORIENTAUX

PAR

J.-M. GUILLON

RÉPÉTITEUR DE VITICULTURE A L'ÉCOLE NATIONALE D'AGRICULTURE
DE MONTPELLIER

PARIS
GEORGES CARRÉ, EDITEUR
3, RUE RACINE, 3

1896

LES

Cépages Orientaux

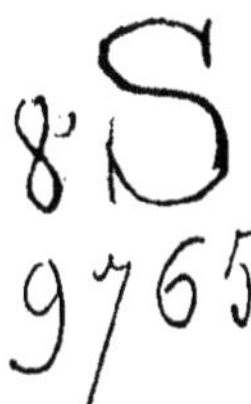

LES

Cépages Orientaux

PAR

J.-M. GUILLON
RÉPÉTITEUR DE VITICULTURE A L'ÉCOLE NATIONALE D'AGRICULTURE
DE MONTPELLIER

PARIS
GEORGES CARRÉ, ÉDITEUR
3, RUE RACINE, 3

1896

PRÉFACE

Depuis l'invasion phylloxérique, la préoccupation des viticulteurs — pour ce qui concerne l'ampélographie — s'est tournée surtout vers l'étude des vignes américaines, et l'on a quelque peu négligé les cépages issus du Vitis Vinifera. Il existe cependant, parmi ces derniers, dans la Grèce, la Turquie, la Russie, l'Asie Mineure, l'Égypte, etc., des variétés d'un réel mérite, pouvant fournir des raisins excellents pour la table, ou donner des fruits très agréables à l'œil, qui en font de véritables vignes ornementales. C'est à l'étude de ces différents cépages qu'est consacré le présent travail.

Dans une introduction, j'ai réservé une certaine place à l'historique, pensant qu'il était intéressant de résumer l'histoire de la vigne, dans un pays où sa culture a pris naissance. Enfin, j'ai été amené à parler de la coulure en donnant quelques détails circonstanciés sur la sélection.

Je n'ai jamais eu la prétention de présenter aux viticulteurs une étude complète des cépages orientaux ; il m'aurait fallu, pour arriver à ce résultat, parcourir avec soin les régions intéressées et recueillir de nombreux renseignements qui m'ont fait défaut.

J'ai dû me contenter de prendre la description, aussi complète que possible, des quelques spécimens cultivés dans les collections de l'École nationale d'agriculture de Montpellier, et, pour avoir des indications sur leur valeur culturale, je me suis adressé à plusieurs viticul-

teurs français et étrangers. Bon nombre d'entre eux ont répondu à mon appel, et m'ont fourni de précieux renseignements que les lecteurs sauront apprécier.

Je dois remercier tout spécialement M. V. Pulliat, qui a bien voulu me fournir d'intéressants documents que sa haute compétence en matière d'ampélographie lui a permis de réunir.

Enfin, je manquerais à mon devoir si je terminais cette courte préface sans remercier MM. G. Foëx et P. Viala, mes maîtres. Ils ont encouragé et guidé mes efforts pour mener à bonne fin cette modeste publication : qu'ils reçoivent ici l'expression de ma gratitude.

J.-M. GUILLON.

Montpellier, mars 1895.

INTRODUCTION

A. — HISTORIQUE

Il serait utile, pour bien connaître l'origine des cépages qui vont être étudiés, de faire l'histoire complète de la vigne en Orient. Mais, ne voulant pas donner à ce chapitre un développement trop considérable, nous nous contenterons de résumer, dans ses traits essentiels, ce qui a été dit sur ces intéressantes questions, en examinant successivement les différents pays.

I

On a cru pendant fort longtemps, et jusqu'au commencement du siècle dernier, que la vigne nous venait des Phéniciens qui habitaient les côtes de la Syrie. Depuis, les progrès incessants de la paléontologie végétale nous ont montré qu'elle avait fait son entrée dans le monde à une époque bien antérieure à l'apparition de l'homme. Certaines Ampélidées (Cissus, Ampelopsis) ont tracé leurs premières empreintes un peu avant l'époque tertiaire ; mais il faut arriver à l'âge paléocène pour voir apparaître le premier *Vitis*, le *Vitis Sezannensis*, identique au *V. Rotundifolia* de Michaux, qui croît spontanément en Amérique, dans le sud des États-Unis. Si l'on arrive au miocène (1), on voit la vigne subir, à travers les âges, des modifications très intéressantes, semblant démontrer (2) que les espèces asiatiques et américaines ont précédé le *V. Vinifera*, ce dernier étant le dérivé des deux formes précédentes.

Enfin, tout semble prouver que l'homme a trouvé la vigne telle que nous la voyons aujourd'hui dans ses caractères botaniques. D'ailleurs, les travaux de M. de Saporta sur le tuf quaternaire de la Provence et les études de M. Planchon sur les tufs de Castelnau, aux environs de Montpellier, démontrent d'une façon péremptoire que la vigne existait à une époque bien antérieure à toute civilisation.

S'il est bien admis que la vigne ne nous vient pas d'Orient, les historiens s'accordent à dire que la culture de ce précieux arbuste n'a pas eu d'autre berceau. Tous les peuples ont placé à l'origine de leur histoire une divinité ou un personnage fabuleux, qui aurait introduit chez eux la culture de la vigne et l'art de faire le vin : Noé dans la Bible, Bacchus chez les Grecs, Osiris chez les Égyptiens, etc., etc.

II

La culture de la vigne existe en Grèce depuis un temps immémorial. Platon a exprimé dans un dialogue la conviction qu'elle avait toujours existé dans cette région et dans les nombreux pays qu'il avait parcourus.

(1) Les géologues américains, suivant M. P. Viala, ont trouvé dans le miocène des espèces particulières aux États-Unis et dont quelques-unes se rapprochent de celles qui ont été observées en Europe. — *Une Mission viticole en Amérique*, page 167.

(2) *Traité de la Vigne et de ses produits*, par MM. L. Portes et F. Ruyssen, tome I.

Homère prenait un champ de vigne comme le plus noble des emblèmes, pour le placer sur le bouclier du fils de Pélée, le principal de ses héros. Enfin, dans l'Iliade et dans l'Odyssée, on rencontre de nombreux récits, montrant que l'on faisait le plus grand cas du vin.

Les œuvres d'Homère, de Virgile, de Cratinus, etc., prouvent que les crus étaient nombreux dans la Grèce antique. Au temps de Polybe, le vin était à un prix extrêmement bas, aussi l'ivresse se répandit avec une telle intensité que l'on crut devoir prendre les mesures les plus rigoureuses pour en arrêter les progrès toujours croissants. Ces moyens furent tellement énergiques, que l'on arriva à pécher par un excès contraire et que l'on supprima complètement l'usage du vin. Chez les Locriens, on punissait de mort ceux qui en buvaient ; l'usage en était exclusivement réservé aux malades. A Sparte, Lycurgue fit arracher les vignes. Malgré ces interdictions sévères, certains peuples, comme les Athéniens, et surtout les Athéniennes, savaient abuser clandestinement du produit de la vigne.

Quoiqu'il en soit, on est tout étonné de l'engouement du peuple grec pour le vin, si l'on songe à son mode bizarre de fabrication. Ce vin obtenait par la cuisson une circonstance sirupeuse, puis on y ajoutait des matières aromatiques de toutes sortes, ce qui lui communiquait un aspect repoussant. D'après Gallien, on arrivait à ce degré extrême de concentration en suspendant de grandes amphores au coin des cheminées. Le vin, pour être buvable, était délayé dans de l'eau chaude. L'addition de toutes ces substances était bien de nature à faciliter la fraude, et Caton (1) a indiqué le mode opératoire pour la fabrication artificielle du vin de Cos. Le même auteur donne la recette sui-

(1) CATON. *De re rustica.* Édition Nisard, p. 32.

vante pour communiquer au vin ce qu'il appelle un arome délicat : « Prenez une brique enduite de poix, couvrez-la de braise doucement chauffée, parfumez-la de mélilot, de jonc et de cette espèce de baume que l'on trouve chez les marchands de cosmétique. Placez-la dans un tonneau et fermez afin que l'odeur ne disparaisse pas avant l'emploi... » Caton indique ensuite les soins à donner au liquide avant de le placer au cellier.

Malgré tout, les vins grecs jouissaient, tant à l'intérieur qu'à l'extérieur, d'une grande réputation. « Des marchands en gros, dit Cognettis de Martis (1), faisaient l'exportation, tandis que des débitants détaillaient sur place. Le transport par mer se faisait à l'aide de navires spécialement affectés à cet usage, en majeure partie dans des outres en peau de chèvre et quelquefois dans des amphores poissées (2). Pour l'Égypte seulement, les expéditions se faisaient dans des brocs, ce qui témoigne, à notre avis, en faveur du bon goût des Égyptiens. »

Tout porte à croire qu'il existait aussi d'autres vins qui, n'ayant pas subi l'action du feu, étaient exposés aux chaleurs torrides des fortes saisons. On utilisait déjà l'action bienfaisante exercée sur le vin par le transport. Pline affirme que l'on faisait séjourner dans l'eau de mer des pièces pleines de Thalassite pour en activer le vieillissement.

La plupart des pratiques en usage dans nos vignobles étaient déjà connues : les soins à donner aux pépinières, l'emploi des échalas, la greffe par approche, l'incision annulaire, avaient été décrits sous une forme précise par Palladius, Varon, etc., et ces auteurs latins avaient puisé tous ces renseignements chez les Grecs.

(1) Cognettis de Martis. *Il commercio del Vino* (*in* Portes et Ruyssen).

(2) L'usage des amphores poissées existe encore dans l'île de Chypre. Les habitudes qui consistent à aromatiser les vins n'ont pas complètement disparu des mœurs grecques ; on en rencontre de nos jours beaucoup de traces.

La viticulture dut passer ensuite par bien des phases différentes. Probus faisait planter la vigne par des légions. Domitien la faisait arracher; Justinien, à son tour, édictait des peines très sévères pour la protéger. Enfin, après avoir presque complètement disparu sous la domination turque, la culture de la vigne s'est considérablement relevée; elle occupe, à l'heure actuelle, d'assez vastes surfaces.

III

C'est sur le versant sud du Caucase, dans l'Imérétie, la Géorgie, l'Arménie, la Mingrélie, etc., que plusieurs auteurs ont placé l'origine de la vigne, qui y croît en effet à l'état naturel avec la plus grande vigueur. « Il y a, dit Julien (1), des ceps d'une grosseur si prodigieuse qu'un homme peut à peine les embrasser, c'est-à-dire que ces vignes doivent remonter à une époque très reculée..... On les taille tous les quatre ans et on leur donne rarement d'autres soins. Elles donnent un vin qui a de la force et un goût agréable, quoiqu'il soit fait sans méthode. » Ces vignes sauvages grimpent sur des arbres, ce qui rend les soins culturaux fort difficiles. Ce serait sous le premier Romanoff, Michel III, que le gouvernement russe se serait occupé de propager la viticulture dans les provinces méridionales. Les premiers essais auraient été faits près d'Astrakan, à l'aide des cépages provenant de Perse. Il faut arriver au commencement de ce siècle pour voir cette branche de l'agriculture prendre son essor, particulièrement dans la Crimée où la vigne est indigène.

L'exemple de la Crimée profita aux régions voisines;

(1) A. Julien. *Topographie de tous les vignobles connus*, p. 442.

la Bessarabie, le gouvernement du Don, créèrent aussi d'importants vignobles en perfectionnant les procédés de vinification. La Russie est aujourd'hui en pleine période de lutte phylloxérique (1).

En Palestine, on trouvait autrefois des crus renommés; il existe bien encore quelques vignobles, mais ils sont mal entretenus et donnent une production fort peu élevée. Les environs de Jérusalem fournissent des vins blancs d'un goût qui n'est pas agréable.

La Syrie ne produit guère que des raisins secs; elle a fait pendant très longtemps, particulièrement aux environs de Damas, d'excellent vin. Sur le mont Liban, on a encore pour habitude de faire bouillir le moût pour le concentrer. Cependant, le meilleur vin de cette région, qu'on appelle le vin d'or à cause de sa couleur brillante et dorée, ne subit aucune cuisson.

Les Phéniciens cultivent la vigne depuis les époques les plus reculées, et s'il n'est pas prouvé qu'ils aient enseigné la viticulture aux Égyptiens, il est certain qu'ils leur ont fourni des vins pendant longtemps. Ce commerce leur procurait de gros bénéfices, ils rapportaient en échange des peaux et des minéraux précieux.

IV

Les nombreux récits que l'on trouve dans les Livres Saints nous indiquent que la vigne était très estimée en Perse comme en Palestine. Cambyse, fils de Cyrus, fit de tels excès en buvant du vin, qu'il fut dépouillé de ses États. Plus tard, Alexandre s'enivra tellement, qu'il alla jusqu'à tuer son ami Clitus et commettre les plus horribles forfaits. Le shah Abbas II suivit l'exemple

(1) L. Portes et F. Ruyssen. *La vigne en Russie.*

d'Alexandre ; il possédait de magnifiques caves où les meilleurs vins étaient conservés dans des bouteilles de cristal de Venise. Les gens riches de la même époque consommaient beaucoup de vin en secret, et, pour rendre les propriétés de ce liquide plus enivrantes, ils l'additionnaient de noix vomique, de chaux et de chènevis.

Le vin de Perse était de beaucoup préféré aux autres : d'après Chardin, la vinification y était bien faite : « Après les melons, les fruits excellents de Perse sont le raisin et les dattes. Il y a plusieurs raisins, jusqu'à 12 ou 14, du violet, du rouge et du noir. Les grains en sont si gros qu'un seul fait une bouchée. Celui dont ils font le vin à Ispahan s'appelle *Kichmich*, petit raisin blanc meilleur que nos muscats, mais il prend à la gorge et échauffe si on en a mangé avec excès. Il est rond et sans pépins : au moins, on n'en aperçoit pas en le mangeant... ». « On garde en Perse les raisins tout l'hiver, les laissant la moitié de l'hiver attachés à la vigne et enfermés dans un sac de toile pour les préserver des oiseaux. On les cueille à mesure qu'on veut les manger. C'est l'avantage de l'air, qui est sec et qui conserve tout. Ils font le raisin sec en pendant les grappes au plancher, d'où les grains tombent un à un. Au pays du Kourdistan, et vers Sultanie, où il y a beaucoup de violettes, on en mêle avec le raisin sec, et l'on dit que cela tient le ventre en bon état : le raisin en a assurément meilleur goût (1). »

Les Perses ne conservaient pas le vin dans des tonneaux qui auraient éclaté sous l'influence de la sécheresse, mais dans des jarres, sorte de grands vases d'une forme ovale, vernissés à l'intérieur ou bien badigeonnés avec de la graisse de mouton.

Suivant le même auteur : «..... A Chiras, le meilleur fruit est le raisin, dont il y a trois sortes : le *Kichmich*,

(1) CHARDIN. *Voyage en Perse et autres lieux d'Orient*, t. IV, p. 53.

petit raisin doux et sucré, sans pépins sensibles ; le *gros raisin blanc*, et le gros raisin qu'on appelle *Damas*, dont la couleur est rouge et dont on voit des grappes pesant douze à treize livres. C'est de cette troisième sorte seulement que se fait le vin de Chiras, qui, pour la beauté de sa couleur et la bonté de son goût, est estimé le meilleur vin de Perse et de tout l'Orient. »

D'après la tradition, Noé aurait planté les premiers ceps dans l'Erivan, où la viticulture est en effet fort ancienne. Les vignobles sont actuellement peu nombreux en Perse : on rencontre des ceps surtout dans les jardins, pour la production des raisins de table.

V

S'il faut en croire Hérodote, l'usage habituel du vin en Égypte n'était permis qu'aux prêtres. Malgré l'importance du corps sacerdotal, il est peu probable qu'il aît été assez nombreux pour consommer les vins indigènes. Pline rapporte qu'au temps des Lagides, l'Égypte ne manquait pas de crus estimés. Il vante le vin de Sebennytum (Delta), qui se faisait avec trois variétés de raisins, le *thasien*, l'*oethale* et le *pencé* (1). Il cite également le vin dit tœniatique, qui avait du corps et un arome très prononcé. Ce goût devait être partagé par Antoine et Cléopâtre qui buvaient du vin provenant de raisins narcotiques pour exalter leur voluptueuse imagination.

La vigne a été autrefois une des branches importantes du commerce de ce pays. De nos jours, les ceps sont peu nombreux et leurs produits ne sont utilisés que pour la consommation directe.

(1) PLINE, *Histoire naturelle*, trad. Littré, page 531.

La viticulture est représentée sur presque tout le territoire de la Turquie d'Europe, mais les populations musulmanes recherchent surtout les raisins de table. Malgré cela, on fait en certains endroits beaucoup de vin et des raisins secs en grande quantité.

Dans la Turquie d'Asie, et surtout en Bulgarie et en Roumanie, la viticulture a fait depuis quelques années de très grands progrès.

VI

Si je ne craignais de sortir du cadre dans lequel je me suis placé, il serait extrêmement intéressant d'étudier les surfaces occupées aujourd'hui par chacun des vignobles orientaux, leurs rendements, leurs débouchés. Nous verrions non seulement la place énorme occupée par la fabrication des raisins secs dont la France a été un des principaux centres de consommation, mais nous verrions aussi la production du vin augmenter dans des proportions inquiétantes. Sur bien des points, en effet, il s'est créé, avec des cépages indigènes et des cépages d'importation française, de vastes vignobles où l'on pratique de plus en plus la culture intensive.

B. — COULURE. — FERTILITÉ. — SÉLECTION

I

Si, parmi les cépages orientaux, beaucoup possèdent de véritables qualités, il en est un certain nombre dont les raisins n'atteignent qu'un volume absolument insignifiant. Je ne veux pas parler ici de ces cépages qui, tels que le *Corinthe*, ont toujours des fruits de dimension réduite, mais je veux faire allusion aux raisins millerandés. Le millerandage n'étant qu'une forme spéciale de la coulure, examinons quelles sont les causes qui peuvent déterminer sa présence.

La coulure peut avoir pour origine une constitution anormale de la fleur ; ce n'est pas le cas des cépages orientaux, qui possèdent des fleurs généralement bien constituées et présentent cependant des grains de grosseurs différentes et de maturité inégale. Il faut faire une exception pour le *Sultanina*, le *Corinthe* et quelques autres qui n'ont jamais de graines ; c'est une anomalie fixée par sélection naturelle, et les grains ont toujours une grosseur uniforme. La coulure peut également provenir d'une végétation trop exubérante, mais les cépages qui vont être étudiés reposent, à l'École d'agriculture de Montpellier par exemple, sur un sol moyennement riche, et parmi ceux qui sont millerandés, il en est qui sont très vigoureux et d'autres chétifs. Enfin, les intempéries peuvent aussi déterminer la coulure ; elle n'est alors que passagère, et cette cause ne saurait être invoquée pour des cépages qui sont constamment millerandés. On est donc amené à considérer cet accident, dans la plupart des cas, comme inhérent à la nature du cépage, et l'on ne peut y remédier que par une sélection rigoureuse.

II

Un certain nombre de cépages orientaux sont très peu fertiles, et l'on pourrait peut-être se demander si ce ne serait pas un fait de dégénérescence causé par le changement de milieu.

L'influence du climat sur la vigne a été étudié depuis longtemps par bien des hommes compétents. Chaptal, Rozier, Jussieux, Lenoir, etc., admettaient que le changement de milieu suffisait pour opérer, sur les cépages, de véritables transformations. Le climat, le sol et l'exposition peuvent, en effet, agir dans une large mesure sur la vigueur et la fructification de la vigne, mais — comme l'a démontré le comte Odart (1) — elle conserve toujours la faculté de reproduire ses caractères essentiels dans tous les milieux, quand elle est multipliée par bouturage. Si quelques-uns donnent dans nos régions un rendement minime, il faut l'attribuer fréquemment à une connaissance insuffisante de leurs exigences culturales. Le *Kechmish* de Perse, par exemple, a été considéré pendant longtemps comme présentant une stérilité presque complète. MM. Mas et Pulliat, en parlant de cette variété, s'expriment ainsi : « Si ce cépage est si peu recherché, si peu planté dans nos cultures, il faut l'attribuer bien certainement à son peu de fertilité plutôt qu'à son défaut de qualité, car il

(1) Comte Odart. *Ampélographie universelle*, p. 15.

est bien une des plus jolies, une des meilleures grappes que l'on puisse faire figurer au dessert. A vrai dire, cependant, ce défaut de fertilité doit être attribué plutôt à une taille défectueuse ou mal appropriée qu'à la mauvaise nature du cépage. Taillé à souche basse et à courson, le *Kechmish* blanc reste à peu près toujours stérile ; mais, si l'on donne à sa souche un certain développement et si l'on taille sur des sarments bien conformés pour la fructification, ce cépage est loin d'être improductif, on peut le dire même assez fertile (1). » Il ne faut donc pas conclure que les cépages orientaux importés chez nous dégénèrent ; l'infertilité de quelques-uns provient fréquemment d'une taille défectueuse ou d'autres causes mal précisées.

III

On peut admettre cependant que certains cépages orientaux sont millerandés ou peu productifs par constitution originelle, et, comme il a été dit précédemment, l'on ne peut y remédier que par la sélection des boutures. Tous les viticulteurs savent que, dans une souche portant plusieurs pampres de valeur différente, on obtiendra plus sûrement un pied fructifère en multipliant les sarments qui portent, pendant plusieurs années successives, le plus grand nombre de fruits et les plus beaux qu'en s'adressant à ceux qui sont stériles. En s'occupant exclusivement des cépages orientaux, il est intéressant d'observer que, parmi les trois ou quatre pieds de chaque variété cultivés dans les collections de l'École d'agriculture de Montpellier et considérés comme millerandés ou peu fertiles, il en est

(1) MAS et PULLIAT. *Le vignoble*, tome II, p. 101.

presque toujours un qui présente des branches ayant des fruits d'une beauté relative et suffisamment abondants. En multipliant ces boutures avec tous les soins nécessaires, on arriverait promptement à l'obtention de souches fertiles et présentant des fruits normalement constitués. C'est cette sélection que nous allons poursuivre afin d'arriver aux résultats obtenus déjà pour d'autres cépages par les mêmes procédés pratiques.

L'incision annulaire, le pincement et le ciselage sont autant d'opérations susceptibles d'augmenter la précocité et la beauté des fruits. Enfin la pollinisation, c'est-à-dire la fécondation artificielle des fleurs d'un cépage déterminé par du pollen provenant d'une autre variété très florifère, donne des résultats toujours excellents pour empêcher la coulure. Les soufrages au moment de la floraison produisent aussi de très bons effets.

IV

La cohabitation sur certains points des cépages orientaux avec le *Vitis Romaneti*, le *Vitis Pagnuccii*, etc., fait naître quelques doutes sur leur espèce, mais la graine, avec son bec allongé et sa chalaze reportée vers le tiers supérieur, ne laisse aucun doute à ce sujet et indique nettement qu'ils appartiennent tous au *Vitis Vinifera*.

V

Nous avons essayé de démontrer que ces vignes importées chez nous ne dégénéraient pas, et l'on est en droit de se demander si le goût du fruit ne subit pas quelques modifications dues aux écarts de température plus ou moins considérables qui existent entre le midi de la France et les diverses régions de l'Orient.

Voici le résumé des isochimènes (isothermes d'hiver) et des isothères (isothermes d'été), pour les pays où ces cépages sont cultivés :

	Midi de la France	Grèce et Turquie	Bords de la Mer Noire	Caucase
Isochimènes. .	+ 3° à + 6°	+ 2° à + 11°	— 4° à + 6°	0° à + 6°
Isothères. . .	22° à 24°	23° à 27°	22° à 24°	22° à 28°
	Palestine	**Asie Mineure (bords de la Méditerranée)**	**Perse**	**Nord de l'Egypte**
Isochimènes. .	+ 12° à + 15°	+ 6° à + 10°	+ 7° à + 19°	+ 13° à + 15°
Isothères. . .	28° à 34°	26° à 30°	27° à 35°	27° à 30°

Les analyses suivantes peuvent fournir quelques indications sur les variations dans la saveur du fruit. Elles proviennent les unes de l'École d'agriculture de Montpellier, les autres de la Grèce ; ces dernières ont été transmises par M. Orphanidès, d'Athènes. En voici les résultats :

Noms des cépages	France		Grèce	
	Densité	Quantité de sucre par litre de moût	Densité	Quantité de sucre par litre de moût
Rosaki.	1,07	162	1,10	192
Roditès	1,08	188	1,15	233
Siderités	1,08	204	1,08	195

En s'en tenant exactement à ces chiffres, on peut en conclure que les moûts sont, d'une façon générale, plus denses et d'un degré glucométrique plus élevé en Grèce qu'en France. Il faut s'empresser d'ajouter qu'il n'est guère possible de fonder une opinion d'après un nombre de faits aussi peu nombreux, et, de plus, nous n'avons pas de détails précis sur le mode de prise des échantillons, ni sur l'époque exacte à laquelle on les a prélevés. En résumé, selon toute probabilité, la composition des moûts provenant de certaines régions de l'Orient au moins, est légèrement plus riche en sucre ou bien diffère peu de celle que l'on observe pour les mêmes cépages dans le midi de la France.

C. — ROLE DES CÉPAGES ORIENTAUX DANS LA CULTURE

Les cépages orientaux ont donné jadis des vins que l'histoire a rendus célèbres ; si, de nos jours, quelques-uns sont encore utilisés pour la cuve, il est inutile d'y insister longuement, car, sous ce rapport, ils sont inférieurs à nos cépages français. D'autres, intéressants à connaître, donnent des produits qui ont servi ou servent encore à la fabrication des raisins secs. Un certain nombre portent des fruits qui n'ont pas une saveur exquise, mais leur volume, ou la forme gracieuse qu'affectent les grains, les rendent propres à figurer dans les collections d'amateur ou dans les jardins d'agrément. Ils peuvent occuper sur la table à dessert une place aussi élégante et aussi ornementale que la corbeille de fleurs du meilleur goût. L'emploi des grains dans les confitures et les conserves à l'eau-de-vie est certainement très avantageux et produit le plus bel effet.

Leur utilisation pour la culture en serre serait à généraliser. Si le *Muscat d'Alexandrie* et le *Dodrelabi* sont employés en grand dans les grapperies du Nord, il existe beaucoup d'autres variétés moins connues qui conviendraient parfaitement à ces milieux spéciaux.

Les hybrideurs peuvent trouver, surtout dans les cépages orientaux à gros grains, un élément de haute valeur pour l'obtention de variétés nouvelles. Des essais tentés dans ce sens, ont donné des résultats.

Mais, où la connaissance des cépages orientaux devient réellement importante, c'est dans l'étude des formes qui donnent des raisins pour la consommation directe. Ils possédent en effet une saveur extrêmement agréable, franche ou musquée, et plusieurs n'ont pas de pépins, ce qui facilite leur dégustation. Enfin, — et c'est là leur supériorité — ils présentent une chair ferme et croquante, ainsi qu'une peau suffisamment épaisse pour leur permettre de supporter facilement le voyage sans détérioration, tout en garnissant admirablement les caisses d'expédition. Les Kabyles, dont la race est d'origine orientale, cultivent plusieurs des cépages dont il va être parlé. Pour la vente, ils transportent à dos de mulet, et souvent à des distances considérables, leurs raisins de table, qui arrivent sur le marché dans toute leur fraîcheur. Cette qualité spéciale du fruit doit être recherchée ; les moyens rapides de communication, en augmentant l'aire des lieux de production, ont permis de diriger sur les grands centres, et plus particulièrement sur Paris, une grande quantité de raisins de table à l'état frais ; aussi, un certain nombre de viticulteurs du Midi trouvent un très grand avantage pécuniaire à expédier sur différents points des Cinsauts et autres raisins d'un goût assez recherché, qui ont été étudiés avec une remarquable compétence par M. H. Marès (1).

En cultivant les cépages orientaux dans les lieux qui leur sont propres et en leur donnant des soins convenables, il paraît probable et même certain, puisqu'il en existe des exemples, que plusieurs d'entre eux sont susceptibles de fournir sous ce mode d'utilisation de

(1) Description des cépages principaux de la région méditerranéenne de la France par Henri Marès, membre correspondant de l'Institut, membre de la Société nationale d'agriculture de France, secrétaire perpétuel de la Société centrale d'agriculture de l'Hérault.

véritables bénéfices. Toutefois, et en raison de leur provenance, il ne faut pas oublier que ce sont surtout des variétés méridionales, c'est-à-dire de la région de l'olivier et du mûrier ; quelques-unes cependant pourront être utilisées avantageusement dans la région septentrionale de la culture de la vigne.

On peut, il est vrai, augmenter la précocité de ces raisins, en faisant subir aux rameaux fructifères, diverses opérations : L'incision annulaire, par exemple, devance la maturité de 10 à 15 jours dans le midi de la France.

Il est à remarquer que les raisins à maturité tardive sont aujourd'hui très recherchés, car ils arrivent à Paris à une époque où le marché n'est pas encombré, en même temps que les prix sont rémunérateurs. Enfin, les nombreuses observations auxquelles je me suis livré m'ont permis d'affirmer que, d'une manière générale, les cépages orientaux avaient un débourement tardif et que, par conséquent, ils étaient peu exposés aux effets souvent désastreux des gelées printanières.

AMPÉLOGRAPHIE

A. — Généralités sur la description des cépages orientaux.

Pour l'ampélographie, j'utiliserai la méthode actuellement en usage, qui consiste à faire un état signalétique plutôt qu'une description botanique du cépage, sans m'arrêter aux essais de groupements naturels qui ont été établis par Simon de Rojas Clemente (1) et quelques autres tentatives qui ont d'ailleurs complètement échoué.

Les descriptions qui vont suivre ne comportent pas l'énoncé de tous les caractères généralement donnés par les ampélographes pour distinguer les différents cépages. Après avoir noté exactement tous les caractères, j'ai éliminé ceux qui étaient communs à la plupart des variétés décrites, et j'ai insisté plus particulièrement sur l'aspect de la feuille et celui du fruit. La vigueur du cépage et la connaissance des sols les plus favorables à son développement, qui étaient sérieusement étudiés par les anciens auteurs, ont perdu de leur importance depuis que le système radiculaire est emprunté aux variétés d'origine américaine.

Les analyses de moût, qui accompagnent chaque description, ont été faites dans le but de fournir une idée générale sur la saveur des raisins orientaux. Elles proviennent d'échantillons prélevés en 1893 dans les collections de l'École d'agriculture de Montpellier, sauf exception pour le

(1) Simon de Rojas Clemente. *Essayo sobre las variedades de la vid commun que vegetan en Andalucia*, 814.

Dattier de Beyrouth, le *Schiradzouli*, le *Muscat d'Alexandrie* et le *Malakoff Isjum*, qui ont été pris chez M. Alexandre Tacussel à la Fontaine de Vaucluse.

Il est à remarquer dès maintenant que la richesse en acidité d'un cépage serait insuffisante pour expliquer le goût acidulé d'un raisin, si l'on ne tenait pas compte de la quantité de sucre contenue dans le moût, et réciproquement. Dans la plupart des cas, la saveur d'un fruit est indiquée par la relation qui existe entre la quantité de sucre et celle de l'acidité. Suivant que l'un ou l'autre de ces éléments est inférieur ou dépasse le taux habituel, le fruit est trop acide ou pas assez relevé.

La maturité des cépages a été indiquée en suivant la méthode de M. V. Pulliat, c'est-à-dire qu'en mettant de côté les raisins précoces et désignés comme tels, on place à la première époque tous les raisins mûrissant à peu près en même temps que le Chasselas de Fontainebleau, à la deuxième époque ceux qui mûrissent 12 ou 15 jours plus tard, et ainsi de suite jusqu'à la quatrième époque.

J'ai noté également, pour chaque cépage, la date à laquelle se sont opérés, en 1894, le débourrement, la floraison, la maturité et le défeuillage. On pourra remarquer que, dans certains cas, le quantième du mois indiquant la maturité n'est pas toujours en rapport avec l'époque de maturité indiquée suivant le système de M. Pulliat. Cette anomalie apparente tient à ce fait que toutes les dates notées dans le tableau ayant pour titre *époques de végétation*, indiquent seulement le début des principales phases du cycle végétatif de chaque cépage, alors que les époques de maturité de M. Pulliat, tout en donnant ce qu'on pourrait appeler la maturité pratique, c'est-à-dire l'époque à laquelle on vendangerait, représentent la moyenne de plusieurs années consécutives.

Je reviendrai ultérieurement sur l'interprétation des chiffres fournis par l'analyse du moût et des dates indiquées pour les époques de végétation.

Les souches sur lesquelles ont porté mes descriptions étant en nombre relativement restreint, j'ai noté le poids maximum d'un raisin pour chaque variété, afin d'ajouter une indication sur les dimensions du fruit.

B. — Classification.

Si l'on ne tient pas compte du raisin, les cépages orientaux forment un groupe assez homogène. Ils sont vigoureux, possèdent un bois fort, des feuilles presque toujours glabres sur les deux faces, et peu profondément lobées. Enfin, un certain nombre sont coulards, et tous sont sensibles aux attaques de l'oïdium.

Les fruits, au contraire, atteignent des formes et des dimensions très diverses. Les uns, qui ont les grains allongés, représentent surtout les raisins de table et se rencontrent dans les pays peuplés par les Turcs et les musulmans, où l'usage du vin est peu répandu. Les autres, qui possèdent des grains sphériques, se cultivent surtout vers le Caucase et autres régions où l'on se livre à la production du vin.

C'est à cause de cette diversité dans la forme du fruit que j'ai pensé qu'il serait intéressant de se servir de ce caractère à peu près invariable pour les subdiviser et en faciliter l'étude.

J'ai, pour cela, établi une sorte de clé dichotomique en me basant sur la couleur, le volume et la forme des fruits. Il y aurait peut-être lieu de séparer les raisins à pépins de ceux qui n'en possèdent pas, mais ces derniers sont en très petit nombre et il sera toujours facile de les distinguer.

Cette classification ne comprend que les cépages représentés dans les collections de l'Ecole d'agriculture de Montpellier, et dont j'ai pu faire la description complète.

Classification de quelques cépages orientaux d'après les raisins

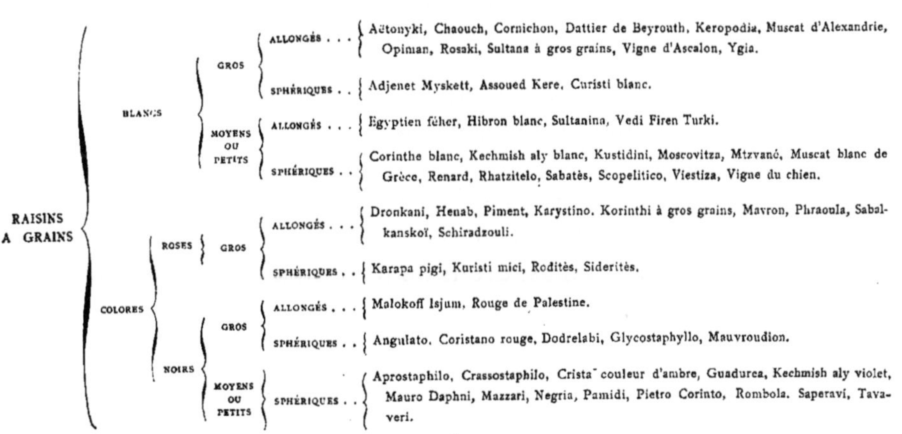

RAISINS A GRAINS	BLANCS	GROS	ALLONGÉS	Aëtonyki, Chaouch, Cornichon, Dattier de Beyrouth, Keropodia, Muscat d'Alexandrie, Opiman, Rosaki, Sultana à gros grains, Vigne d'Ascalon, Ygia.
			SPHÉRIQUES	Adjenet Myskett, Assoued Kere, Curisti blanc.
		MOYENS OU PETITS	ALLONGÉS	Egyptien féher, Hibron blanc, Sultanina, Vedi Firen Turki.
			SPHÉRIQUES	Corinthe blanc, Kechmish aly blanc, Kustidini, Moscovitza, Mtzvanó, Muscat blanc de Grèce, Renard, Rhatzitelo, Sabatès, Scopelitico, Viestiza, Vigne du chien.
	COLORES — ROSES	GROS	ALLONGÉS	Dronkani, Henab, Piment, Karystino. Korinthi à gros grains, Mavron, Phraoula, Sabalkanskoï, Schiradzouli.
			SPHÉRIQUES	Karapa pigi, Kuristi mici, Roditès, Sideritès.
	COLORES — NOIRS	GROS	ALLONGÉS	Malokoff Isjum, Rouge de Palestine.
			SPHÉRIQUES	Angulato. Coristano rouge, Dodrelabi, Glycostaphyllo, Mauvroudion.
		MOYENS OU PETITS	SPHÉRIQUES	Aprostaphilo, Crassostaphilo, Crista couleur d'ambre, Guadurea, Kechmish aly violet, Mauro Daphni, Mazzari, Negria, Pamidi, Pietro Corinto, Rombola. Saperavi, Tavaveri.

Raisins Blancs

CHAPITRE I

CÉPAGES A GRAINS GROS ET ALLONGÉS

Aëtonyki

Synonymes. — Actonihia-Aspra (d'après le comte Odart). Aïtoniki. Aethonichi. Actoni maceron. Raisin à serres d'aigle.

Description. — *Souche* très vigoureuse à tronc fort ; écorce se détachant en lanières.

Sarments très longs, droits ou peu coudés, gros ; mérithalles moyens ; ramifications peu nombreuses, se développant surtout vers la base des sarments ; bois peu épais, contenant une moelle assez abondante ; écorce peu épaisse et finement striée ; cloisons moyennement épaisses, sensiblement planes sur les deux faces ; sarments herbacés verdâtres ou jaunes verdâtres, présentant rarement des taches d'un rose vineux.

Bourgeonnement de couleur vert pâle.

Jeunes feuilles trilobées à dents très longues ; glabres sur les deux faces ; vernissées à la face supérieure, d'un vert pâle à la face inférieure.

Feuilles adultes grandes, trilobées ou presque entières ; sinus pétiolaire en U assez ouvert ; sinus supérieurs peu profonds ; lobe supérieur peu détaché ; dents en deux séries aiguës ou obtues, assez saillantes ; limbe vaguement plié en gouttière, mince et d'une consistance parcheminée, glabre sur les deux faces ; face supérieure peu foncée, face inférieure plus pâle ; pétiole long, verdâtre, assez renflé à la base, formant avec le limbe un angle droit ou obtus.

Grappe grande, grosse, allongée, cylindro-conique, assez

Fragment d'une grappe d'Aëtonyki (1).

régulière et moyennement serrée ; pédoncule long, non lignifié ; pédicelles un peu grêles, bourrelets moyens ; pinceau court et incolore.

Grains sur-moyens, régulièrement elliptiques ; ombilic central ; peau assez fine, blanchâtre, légèrement dorée à la maturité, pruine moyennement abondante ; chair ferme et croquante ; jus incolore ; saveur assez agréable mais peu relevée.

(1) Ce dessin, ainsi que tous ceux qui vont suivre, sont dus au crayon de M. Marsal. Ils ont été exécutés en grandeur naturelle dans le but de faire connaître la forme et les dimensions du grain.

Analyse du moût

Densité Beaumé à 15°	10,3
Sucre par litre.	175 gr.
Acidité (en So^4H^2) par litre	4,48
Poids maximum d'un raisin	0^k,590

Graines au nombre de 1 généralement.
Maturité de troisième époque tardive.

Epoques de végétation

Débourrement.	8 avril.
Floraison	8 juin.
Maturité.	11 septembre.
Effeuillaison	25 novembre.

Observations. — Suivant le comte Odart (1), l'Aëtonyki ne serait autre que ce raisin à grains très incurvés qui est répandu dans les collections françaises sous le nom de Cornichon. L'étymologie du mot Aëtonyki (raisin à serres d'aigle) qui rappelle l'aspect du fruit, semble donner raison au savant ampélographe, mais si le feuillage ou l'aspect général de ces deux variétés ont quelques ressemblances, elles se distinguent nettement l'une de l'autre par la forme du grain qui, au lieu d'être incurvé comme chez le Cornichon, est régulièrement ellipsoïde.

M. F. Gos (2) a décrit sous le nom d'Aëtonichi un cépage qu'il a étudié en Thessalie. Le tomentum signalé par l'auteur sur les jeunes feuilles et les feuilles adultes permet de supposer que l'on se trouve en présence d'une variété différente de celle que nous décrivons.

Toutes ces divergences proviennent de l'étude peu avancée dans laquelle se trouve l'ampélographie grecque

(1) Comte Odart, loc. cit. p. 592.
(2) F. Gos. Lettres sur l'agriculture en Thessalie : la vigne et le vin. *Journal de l'agriculture*, 1884, tome I, p. 374.

où l'on confond plusieurs cépages présentant des caractères non communs sous la même dénomination. C'est du moins ce qui semble résulter de l'examen des notes assez nombreuses qui nous sont parvenues de la Grèce. Dans les collections du jardin botanique d'Athènes, par exemple, on trouve sous le même nom d'Aëtonyki, parmi les raisins blancs à grains ovales, quatre variétés distinctes entre elles, non seulement par les dimensions, mais aussi par la couleur qui va du blanc verdâtre au jaune doré. Cette confusion n'a d'ailleurs rien d'étonnant si l'on songe que la Grèce compte à elle seule plus de 200 variétés de raisins de table.

Enfin, on rencontre aussi dans la même région des Aëtonyki noirs : tel est l'Aëtonyki à grains noirs et gros (A. chondron) et l'Aëtonyki à grains noirs et petits (A. psilor).

Quoiqu'il en soit, le cépage qui répond à la description que nous avons faite est vigoureux et fertile. Son fruit, qui est très beau, possède un goût agréable mais peu relevé. Il est très estimé en Grèce.

Culture. — Dans les collections de l'École d'agriculture de Montpellier il se comporte très bien de la taille en gobelet, néanmoins la forme en espalier lui convient encore mieux. Sa maturation un peu tardive en fait une variété méridionale.

L'Aëtonyki est un cépage ornemental destiné à rester dans les collections d'amateur. Il pourrait être utilisé avantageusement pour la fabrication des conserves.

Chaouch

Synonymes. — Ciaouss (d'après M. V. Pulliat). Chaous. Tsaousi. Tchaousi, Tsaousé. Tchawouch. Panse de Constantinople (d'après M. H. Marès).

Description. — *Souche* très vigoureuse à tronc fort ; écorce se détachant en lanières régulières et courtes.

Sarments très longs et très gros, sensiblement droits, légèrement aranéeux ; mérithalles plutôt longs que courts ; ramifications latérales peu nombreuses ; bois épais par rapport à la moelle ; écorce finement striée ; cloisons des nœuds d'une épaisseur assez faible, concaves d'un

Fragment d'une grappe de Chaouch.

côté, sensiblement planes de l'autre ; couleur des sarments vert jaunâtre, mais le plus souvent lavés presque uniformément d'un rouge vineux.

Bourgeonnement très tomenteux et d'un rose un peu violet.

Jeunes feuilles trilobées, très blanchâtres sur les deux faces, le duvet persiste longtemps à la face inférieure, tandis qu'il disparaît assez rapidement à la face supérieure, qui devient roussâtre et brillante.

Feuilles adultes très nettement quinquelobées ; sinus pétiolaire fermé, les deux bords du limbe se recouvrant ;

sinus latéraux supérieurs très profonds, les inférieurs moins profonds ; lobe terminal très nettement détaché ; dents en deux séries proéminentes aiguës ; limbe gaufré entre les nervures, surtout vers la partie centrale, épais et assez rugueux ; face supérieure vert pâle à cause de la présence de quelques poils aranéeux disséminés à la surface ; face inférieure blanchâtre et tomenteuse ; pétiole renflé à la base, très long et assez fort, d'une coloration rouge vineux intense, formant avec le limbe de la feuille un angle généralement aigu, quelquefois obtus.

Grappe courte, cylindro-conique, généralement simple, moyennement serrée, assez régulière quand elle n'est pas millerandée ; pédoncule de longueur moyenne, assez grêle, un peu ligneux ; pédicelles courts et assez forts ; bourrelets bien développés.

Grains gros, obovoïdes ; ombilic légèrement excentrique ; peau assez épaisse et d'une couleur blanchâtre, passant au jaune doré à la maturité ; pruine peu abondante ; saveur sucrée extrêmement agréable.

Graines au nombre de 1 ou 2 généralement.

Maturité de deuxième époque.

Epoques de végétation

Débourrement.	1 avril.
Floraison	2 juin.
Maturité.	14 août.
Effeuillaison	12 décembre

Observations. — Le Chaouch ou Tchaouch ayant été signalé par la plupart des ampélographes, est un cépage assez connu. Il possède un fruit à la fois très beau et très agréable à manger qui, suivant M. H. Marès (1), le rapprocherait de la tribu des Panses, mais il est malheureusement très sujet à la coulure.

Le mot Tchaouch veut dire en turc le gendarme, et,

(1) H. Marès, *loc. cit.*, p. 108.

d'après De Rovasenda, cette dénomination vient de ce qu'on a trouvé cette vigne dans le jardin d'un gendarme de Skutari. Toutefois, l'explication donnée par un Tartare de Yalta paraît plus sûre. D'après ce dernier, le Tchaouch désigne le supérieur parmi les soldats, et ce nom s'est appliqué à la variété en question à cause de ses qualités supérieures à celles des autres vignes (1).

Quant à la patrie du Chaouch, les opinions sont très différentes ; les uns le disent d'origine égyptienne, les autres d'origine algérienne, et Hartwis le dit originaire de Moldavie, etc. Il existe en Crimée depuis fort longtemps. D'après le témoignage de M. Simirenko, on en exporte chaque année, pour le centre de la Russie, des quantités considérables.

Le Chaouch est très répandu sur tout le littoral de la mer Noire. Il y est fort estimé comme raisin de table.

Le comte Odart, dans son Ampélographie universelle, ne fait que mentionner le Chaouch parce que, dit-il, cette variété est tellement sujette à la coulure, qu'elle ne peut intéresser que les collectionneurs. M. V. Pulliat (2), moins pessimiste, trouve que cette variété rachète largement par ses qualités le défaut qu'on lui reproche. Il ajoute que la coulure peut être considérablement amoindrie, pour ne pas dire annulée, par une sélection répétée et rigoureuse des boutures. Nous partageons entièrement l'opinion de M. V. Pulliat ; d'ailleurs, nous nous sommes suffisamment étendus sur l'importance de la sélection, dans la première partie de ce travail, pour ne pas avoir à y revenir.

Outre le Chaouch que nous décrivons, et qui est à peu près le seul connu en France, il existe en Orient plusieurs variétés de ce cépage. Un auteur turc, Rassim pacha (3), en cite 4, qui sont :

(1) Étude sur quelques vignes russes. Courrier de Saint-Pétersbourg. Novembre 1892.

(2) V. Pulliat. La vigne américaine. Juin, 1880.

(3) Tchiftchilik, par Rassim Pacha, nazir (Directeur) à Brousse des revenus concédés à la dette publique ottomane. La traduction de cet ouvrage nous a été communiquée très aimablement par M. F. Calvassy, directeur de l'agriculture du villayet de Salonique.

1° Tchaouch proprement dit.
2° Tchoban, tchaouchou.
3° Misckèt tchaouchou.
4° Telli tchaouchou.

Le Tchaouch proprement dit ressemble, d'après la description qui nous en a été donnée, au Chaouch cultivé en France. Il est très estimé. Le Tchoban tchaouchou (chaouch du berger) à des grains très allongés, de couleur jaune doré. Les feuilles sont découpées, on lui attribue beaucoup de mérite. Le Miskèt tchaouchou est semblable au précédent, mais ses grains sont plus petits et très parfumés. Quant au Telli tchaouchou, il n'est pas donné d'indications. Enfin, le jardin botanique d'Athènes possède aussi 4 Chaouch dont l'un a des baies rouges et allongées (Tsaoum kokinon).

Le Chaouch jouit à Constantinople de la même popularité que le Chasselas de Fontainebleau à Paris. Il est, paraît-il, tenu en haute estime par le sultan dont il est le raisin favori (1).

Culture. — Le Chaouch, soumis à la forme en gobelet, ne donne que des produits absolument insignifiants, il faut le conduire en cordon horizontal. Pour combattre sa tendance à la coulure on devra pratiquer des soufrages et lui faire subir diverses opérations de taille en vert. La pollinisation produit d'excellents effets. Étant de 2e époque, il peut mûrir partout. Son fruit peut figurer parmi nos meilleurs et nos plus beaux raisins de table.

Cornichon blanc

Synonymes. — Galetta, Cornichiola, Corniola, Pizzutedda, Pizzutello di Roma, Tetta de vacca, en Italie. Uovo

(1) A. F. BARRON. La culture de la vigne en serres et sous verre, traduit avec l'autorisation spéciale de l'auteur, de l'ouvrage « Vines and vine culture », par ED. PYNAERT, p. 199.

di gallo ? Titta di vaga, en Sardaigne. Buttuna di Gaddu, en Sicile (Ch. de Rovasenda). Kosu Titki, à Astrakan, Kadin ou Chadym Barmak (Doigts de donzelle) au Maroc (Comte Odart). Santa Paula, Corazon de Cabrito, en Espagne (Don Simon Roxas Clemente). Leuba el adja (Doigts de la Rénogate) en Algérie. Crochu, dans la Provence. Pisutelle, à Marseille (Nouveau Duhamel). Vessie de pois-

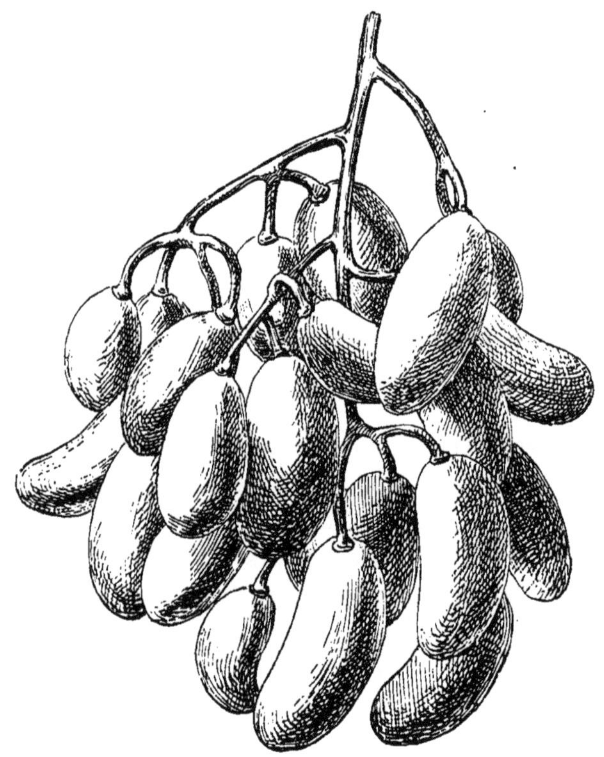

Fragment d'une grappe de Cornichon blanc.

son (l'abbé Rosier). Raisin d'Afrique. White cucumber grap, Finger grap. (Robert Hoog). Eicheltraube weisse, Fischblasentraube, en Allemagne (H. Gœthe). Ughia d'Aquila, Ile de Zante, in Mas et Pulliat. Coliandri blanc à Nice. Anguur Rinnisi blanc en Grèce. Gorbe szolo feher (Raisin à grains courbés) en Hongrie. Giolina, Italie (comte de Rovasenda). Nab el Gemel (dent de chameau) à Dzerba, Algérie (d'après M. Pulliat).

Description. — *Souche* de vigueur moyenne, à écorce

se détachant en lanières assez longues et peu larges.

Sarments de longueur moyenne à mérithalles sous-moyens ; ramifications peu nombreuses et petites ; bois assez épais, contenant une moelle moyennement abondante ; sarments verdâtres, rarement envinés et s'aoûtant difficilement dans les milieux frais.

Bourgeonnement presque glabre, d'un vert jaunâtre.

Jeunes feuilles lisses et brillantes à la face supérieure, d'un vert plus tendre à la face inférieure.

Feuilles adultes trilobées ou presque entières, moyennes ; sinus pétiolaire ouvert en U, sinus latéraux supérieurs peu profonds, surtout vers les feuilles de la base ; lobe supérieur peu détaché ; dents aiguës assez longues ; face supérieure glabre, lisse et presque luisante ; face inférieure d'un vert plus pâle et glabre ; pétiole long, assez fort et lisse.

Grappe moyenne, ailée, très peu dense et assez régulière ; pédoncule assez long et fort ; pédicelles longs et assez forts, insérés sur un point excentrique du grain.

Grains gros, olivoïdes, mais nettement incurvés d'un côté, surtout lorsqu'ils ne prennent pas tout leur développement ; peau épaisse, prenant à la maturité une belle couleur jaune ; chair sucrée agréable, mais peu relevée.

Graines au nombre de 2 généralement.

Maturité de troisième époque un peu tardive.

Observations. — Nous avons indiqué précédemment que, malgré le synonyme d'Aëtonyki que certains ampélographes avaient donné au Cornichon, nous en avions fait deux variétés différentes à cause de la grande dissemblance des spécimens que nous avons eus sous les yeux.

La forme spéciale des fruits du Cornichon a fixé depuis longtemps l'attention des viticulteurs, aussi son aire géographique considérable est-elle la cause d'un certain nombre de variations dont quelques-unes ont été récemment signalées par M. B. Taïroff, directeur du courrier vinicole de Saint-Pétersbourg, à propos d'un article sur le Kadym Barmak : « Le mot de Kadym Barmak veut dire doigt d'une dame, à cause de la forme recourbée du grain. Dans le guide de M. Tardon on trouve un dessin très mal fait et une courte description de ce raisin sous le nom de Kadin-Barmak : le même auteur raconte que sur les sables du golfe du Dniester il donne une récolte très abondante. Les ampélographes regardent le Khadym-Barmak comme synonyme de la vigne décrite et dessinée par MM. Mas et Pulliat sous le nom de Cornichon blanc, ainsi que de la Santa-Paula de Roxas Clemente. En comparant les dessins, on y remarque une certaine différence dans la forme de la feuille et dans la grandeur de la grappe, de même qu'une petite dissemblance dans la forme de la baie. La description de Roxas Clemente ne concorde en rien avec celle qui a été faite par l'abbé Rosier et Duhamel. L'existence des variations est encore confirmée par ce que l'on voit dans les collections de Makaratch. On y trouve réunis le Cornichon blanc et le Khadym-Barmak ; le premier a été reçu en 1867 de M. Leroy ; le second est venu sur demande faite au Caucase, en 1824, de Kislar et, en 1825, de Tiflis. L'examen comparatif de ces deux variétés montre que le Cornichon a la feuille moins découpée, la grappe un peu plus petite et les baies moins incurvées, moins réfléchies, que celles du Khadym-Barmak. En général, le dessin donné par M. B. Taïroff ressemble plus à celui de la Santa Paula de Roxas Clemente qu'à celui du Cornichon blanc de MM. Mas et Pulliat. Néanmoins, cette différence n'est pas assez grande pour qu'on puisse y distinguer deux variétés distinctes. Il est plus sûr d'admettre que Khadym-Barmak, Santa-Paula et Cornichon blanc ne sont que des synonymes d'une même variété. Ces quelques variations et modifications de formes se sont produites avec le temps et sous l'influence du hasard de la sélection ou des conditions différentes de climat et de culture. Ces observations paraissent d'autant plus exactes que la culture de la vigne décrite est répandue dans les régions viticoles de l'Asie, de l'Afrique et de l'Europe. Il est à remarquer qu'elle y est cultivée depuis longtemps, puisqu'il en est fait mention et qu'elle est décrite par un auteur arabe du XIIe siècle (1). »

(1) Basile Taïroff, *Khadym-Barmak. Courrier vinicole de St-Pétersbourg*, novembre 1892.

Don Simon Roxas Clemente dit, en effet, qu'un auteur arabe, du nom de Ebn el Beithar, avait donné avant 1200 une description à la fois exacte et complète du Cornichon blanc.

Suivant MM. Mas et Pulliat, le Pizzutello di Roma, décrit par le comte Odart dans son Ampélographie (1) comme une variété bien distincte, ne serait autre que le Cornichon blanc. Le même auteur signale également le Cornichon à grappe colossale qui aurait un fruit plus volumineux, mais une qualité médiocre. Pour ce qui concerne le Cornichon violet, MM. Mas et Pulliat (2) s'expriment ainsi : « Le Cornichon violet, qui a fructifié dans nos collections, est plus vigoureux, plus largement feuillé que le Cornichon blanc : la grappe du premier est à peu près de même forme, mais un peu plus grosse, à grains plus volumineux, plus obtus à leur extrémité et moins incurvés. Evidemment, ce raisin n'est pas le type violet du Cornichon blanc, dont il diffère par plusieurs caractères, sans parler de la couleur de son fruit ; mais il y a dans les *facies* de ces deux vignes, dans la forme de leur fruit, une trop grande ressemblance pour qu'on ne reconnaisse pas de suite entre elles un certain degré de parenté. »

Culture. — Le Cornichon est peu fertile et coulard. Il faut donc le sélectionner avec soin et le placer dans les expositions chaudes à cause de sa maturité tardive. Il doit être conduit en forme à grand développement et il se trouve très bien de la pratique de l'ébourgeonnage. Le Cornichon donne des raisins très-ornementaux mais d'un goût qui n'est pas toujours des plus estimé. Il est destiné à rester dans les collections d'amateurs.

(1) Comte Odart, *loc. cit.*, p. 442.

(2) Mas et Pulliat, *loc. cit.*, tome II p. 130.

Dattier de Beyrouth

—

Description. — *Souche* de forte vigueur, à tronc bien développé; écorce se détachant en lanières étroites.

Fragment d'une grappe de Dattier de Beyrouth.

Sarments longs, presque droits, d'une grosseur moyenne; mérithalles moyens, ramifications peu nombreuses; moelle assez abondante; cloisons des nœuds caractéristiques, deux successives sont à faces parallèles, les deux suivantes sont atténuées sur un côté, et ainsi de suite; sarments herbacés, d'une couleur rosée.

Bourgeonnement présentant un aspect vert clair.

Jeunes feuilles trilobées, glabres, bronzées et luisantes sur la face supérieure ; face inférieure terne, possédant quelques poils aranéeux sur les nervures.

Feuilles adultes de dimensions moyennes, quinquelobées ; sinus pétiolaire en U bien ouvert ; sinus latéraux supérieurs profonds et étroits ; sinus latéraux inférieurs assez marqués ; lobes supérieurs bien détachés ; dents en deux séries, aiguës ; limbe un peu tourmenté, de consistance parcheminée ; face supérieure d'un vert foncé, glabre et luisante ; face inférieure glabre et d'un vert plus terne ; pétiole assez fort, renflé à la base et rosé ; limbe formant avec le pétiole un angle obtus.

Grappe volumineuse, ailée, assez dense et moyennement régulière ; pédoncule lignifié assez long ; pédicelles moyennement longs, un peu grèles ; pinceau bien développé et incolore.

Grains très gros, elliptiques, presque obovoïdes ; ombilic excentrique ; peau assez épaisse, verdâtre et d'un beau jaune doré à la maturité ; pruine assez abondante ; chair très ferme et sucrée ; saveur franche, à goût très agréable.

Analyse du moût

Densité Beaumé à 15°	9,5
Sucre par litre	159 gr.
Acidité (en SO^4H^2) par litre	5,03
Poids maximum d'un raisin	1^k,200

Graines au nombre de 3, rarement de 4.

Maturité de troisième époque tardive.

Observations. — Le Dattier de Beyrouth est ainsi nommé parce que la forme de son grain rappelle celle de la datte et que l'on ignore son véritable nom asiatique. Il a été rapporté de Beyrouth par un commerçant qui en fit hommage à M. Bouttière de Cavaillon (Vaucluse), il y a environ 7 ou 8 ans. M. Alexandre Tacussel, viticulteur à la Fontaine de Vaucluse, a été un des premiers à le multiplier, et c'est grâce à son extrême amabilité que nous avons pu l'étudier dans ses collections où ce cépage est très habilement conduit.

Le Dattier de Beyrouth possède un goût très agréable et sa chair ferme lui permet de supporter facilement le voyage. Certains villages de Vaucluse, où l'on s'occupe beaucoup de la vente des raisins de table, ont adopté le Dattier de Beyrouth pour l'expédition. Ses grains énormes, mis à l'eau-de-vie, ornent très bien les bocaux, et les caisses garnies avec ce raisin produisent le plus bel effet.

Culture. — Le Dattier de Beyrouth, avons-nous dit, est de troisième époque un peu tardive. C'est dire que, pour mûrir dans le centre, il demande une exposition très favorable. Il ne se millerande pas et produit abondamment sous toutes les formes, mais il paraît très bien se comporter surtout de la taille Guyot et de la taille en cordon sur fil de fer. Il craint assez le Mildiou et l'Oïdium, mais il rachète ces inconvénients, faciles à combattre, par de très grandes qualités qui lui assurent, dans un avenir prochain, une place très importante parmi les raisins de table. Nous ne saurions trop le recommander aux viticulteurs méridionaux.

Keropodia

—

Description. — *Souche* très vigoureuse à tronc fort; écorce s'enlevant en lanières irrégulières et grossières.

Sarments très longs, peu sinueux, d'une grosseur un peu faible ; bourgeons petits, uniques, quelquefois doubles ; bois épais, moelle peu abondante ; écorce peu épaisse et finement striée ; diaphragmes peu épais et légèrement concaves ; sarments herbacés verdâtres, lavés d'un roux vineux et brunissant de bonne heure ; grappes ne dépassant guère le 5me ou 6me nœud de la base des sarments.

Bourgeonnement d'un aspect blanc, légèrement roussâtre.

Jeunes feuilles cendrées et blanchâtres sur les deux faces ; face inférieure conservant assez longtemps cette couleur, mais devenant rapidement roux grisâtre à la face supérieure.

Feuilles adultes grandes et de formes variables ; elles

Fragment d'une grappe de Keropodia.

sont tantôt quinquelobées, tantôt trilobées, tantôt enfin presque entières, ce dernier cas étant le plus rare ; sinus pétiolaire fermé ou peu ouvert ; sinus latéraux supérieurs très profonds ; sinus latéraux inférieurs nuls ou peu marqués ; lobe inférieur nettement détaché ; dents en deux séries obtuses ou peu saillantes ; limbe tourmenté, légèrement gaufré, d'une consistance parcheminée; face supérieure glabre et vert foncé ; face inférieure vert tendre, avec poils aranéeux sur les nervures et les sous-nervures ; pétiole assez allongé, moyennement gros, renflé à la base et rosé ; le limbe forme, avec le pétiole de la feuille, un angle obtus, quelquefois aigu.

Grappe longue, cylindro-conique, ailée, un peu lâche, et présentant des grains de grosseur irrégulière ; pédoncule assez long, fort et lignifié à la maturité ; pédicelles grêles ; pinceau petit et incolore.

Grains sur-moyens, régulièrement ellipsoïdes ; ombilic central ; peau fine, verdâtre, passant, vers la maturité, au jaune doré ; pruine peu abondante ; chair assez fondante ; jus sucré ; saveur agréable et relevée.

Analyse du moût

Densité Beaumé à 15°	10, 9
Sucre par litre	188 gr.
Acidité (en So^4H^2) par litre	5,03
Poids maximum d'un raisin	0^k,500

Graines au nombre de 1 généralement.
Maturité de troisième époque hâtive.

Epoques de végétation

Débourrement	6 avril
Floraison	4 juin.
Maturité	11 septembre.
Effeuillaison	17 novembre.

Observations. — Nous n'avons jamais vu le Kéropodia mentionné dans les travaux ampélographiques, et son nom ne figure pas dans les collections du jardin botanique d'Athènes. Les souches de Keropodia qui sont cultivées à l'École d'agriculture de Montpellier proviennent de boutures qui ont été envoyées de Grèce. Le fruit est très beau et possède un goût agréable. Il demande aussi une taille à grand développement. C'est un cépage fertile et assez peu sujet à la coulure ; il est recommandable.

Muscat d'Alexandrie

—

Synonymes. — Passe-Longue musquée (d'après Duhamel). Panse musquée en Provence. Raisin de Malaga à

Fragment d'une grappe de Muscat d'Alexandrie.

Paris. Moscatellone pure della Sardegna (d'après Léopold Incisa). Moscatel Romano en Espagne. Augibi muscat dans la vallée de l'Hérault. Uva Salamanna en Toscane. Zibibbu en Sicile. Moscatel gordo blanco (d'après Don Simon Roxas). Muscat d'Alexandrie blanc (catalogue de Bude). Ger osolomitana bianca dans la région de l'Etna en Sicile. White muscat of Alexandria (d'après Lindley). Muscat of Alexandria (d'après Robert Hogg) in Mas et Pulliat. Cabas à la reine. Passe muscat. Tottenham Park Muscat. Charlsworth Tokay. Archerfield Early Muscat. Muscat romain (A. F. Barron.)

Description. — *Souche* de vigueur moyenne, à tronc assez fort ; écorce se détachant en lanières assez larges et longues.

Sarment de longueur moyenne, presque droits ; mérithalles courts ; bourgeons généralement doubles ; ramifications peu nombreuses ; bois assez épais, contenant une moelle moyennement abondante ; diaphragmes épais, quelquefois minces ; sarments herbacés verdâtres, se lignifiant assez tard.

Bourgeonnement un peu blanchâtre, légèrement carminé.

Jeunes feuilles à peine tomenteuses, mais devenant rapidement lisses sur les deux faces.

Feuilles adultes moyennes, trilobées ou légèrement quinquelobées ; sinus pétiolaire en V peu ouvert ; sinus latéraux supérieurs assez profonds et étroits ; sinus latéraux inférieurs peu marqués ou nuls ; lobe supérieur bien détaché ; dents aiguës et saillantes ; limbe un peu tourmenté, peu épais, glabre sur les deux faces, face supérieure vert foncé, face inférieure vert pâle ; pétiole long, légèrement renflé à la base, présentant souvent une coloration d'un rose violet ; limbe formant avec le pétiole un angle droit.

Grappe assez grande, peu ailée, moyennement dense, très régulière ; pédoncule assez long, ne se lignifiant pas ; pédicelles longs ; pinceau peu développé.

Grains gros, régulièrement ellipsoïdes ; ombilic central ; peau assez fine, présentant à la maturité une belle couleur jaune verdâtre ; pruine peu abondante ; chair croquante et sucrée ; saveur très musquée, agréable.

Analyse du moût

Densité Beaumé à 15°.	8, 4
Sucre par litre	135 gr.
Acidité (en SO^4H^2) par litre.	4,81

Graines au nombre de 2 ou 3 généralement.
Maturité de quatrième époque.

Description. — Le nom de Zibibbu, donné en Sicile au Muscat d'Alexandrie, et qui dérive de celui de Zibibb que porte un cap des côtes d'Afrique, a fait supposer à MM. Mas et Pulliat (1) que ce cépage n'était pas originaire de l'Egypte. Le nom de Muscat d'Alexandrie rappellerait alors qu'il fut d'abord multiplié aux environs d'Alexandrie, d'où il se serait répandu dans presque toutes les contrées méridionales de l'Europe. Nous ne saurions discuter l'exactitude de ces observations, mais nous ajouterons que si le *facies* du Muscat d'Alexandrie n'est pas exactement celui de la majeure partie des cépages orientaux, son grain ellipsoïde semblerait le ranger parmi ces derniers. Comme cette variété est encore très en honneur au nord de l'Egypte, nous n'avons pas hésité à la faire entrer dans le cadre de notre travail.

D'après MM. Mas et Pulliat, le Zibibbu masculin décrit dans le catalogue du baron Mendola ne serait autre que la variation Ciotat du Muscat d'Alexandrie, dont il existe aussi une variation à grains rouges. Les auteurs précités ajoutent que les Anglais ont obtenu de semis de cette variété le Bowood Muscat ou Tynningham Muscat, qui ne différerait du Muscat d'Alexandrie que parce qu'il est moins sujet à la coulure et plus précoce, mais son raisin serait moins agréablement parfumé.

M. A. F. Barron (2) dit que le Bowood muscat et le Muscat escholata, qui avaient été considérés, le premier comme une variété sélectionnée, et le second comme une variété à grappe plus longue, ont été reconnus identiques au Muscat d'Alexandrie, après avoir été cultivés côte à côte à Chiswik. Le Canon hall, donné quelquefois en Angleterre comme synonyme de Muscat d'Alexandrie, est différent de ce dernier par son grain plus gros, son bois volumineux et sa culture plus difficile.

(1) Mas et Pulliat, loc. cit., tome I, p. 73.
(2) A. F. Barron, loc. cit., p. 237.

Suivant Don Simon Roxas (1), on prépare en Andalousie un raisin passerillé appelé Moscatel gorron et qui est identique au Muscat d'Alexandrie. Il est expédié du port de Malaga sur Paris, et c'est probablement pour cette raison qu'on le nomme, en France, Raisin de Malaga. M. Henri Bouschet, dans les *Raisins du verger*, dit que cette variété est très répandue en Espagne, en Italie et dans le midi de la France.

Culture. — Le Muscat d'Alexandrie demande de bonnes expositions, même dans le midi de la France, sans quoi il ne mûrit qu'incomplètement. Il faut le soumettre à une taille courte. En treille ou en cordon il est plus productif mais moins savoureux. Pour éviter la coulure, on devra pratiquer le pincement et l'incision annulaire. Lorsqu'il mûrit bien, il donne un fruit excellent à manger et d'une conservation relativement facile. Olivier de Serres l'a cité parmi les Muscats ; Gabriel le mentionne sous le nom de Muscat de Panse (2).

Si le Muscat d'Alexandrie n'est pas très usité en pleine terre, il fait l'objet d'une culture importante dans les serres du nord de la France et surtout en Angleterre. M. A. Cordonnier, qui dirige avec tant d'habileté les serres de Bailleul (Nord), a bien voulu fournir, sur notre demande, les renseignements suivants, qui sont d'un très grand intérêt pratique. C'est en Angleterre, où le goût musqué de ce beau raisin a fixé de suite l'attention des gourmets, que la culture du Muscat d'Alexandrie a atteint sa dernière perfection. De plus, sa vigueur, sa croissance et sa fertilité le rendent éminemment propre à la culture commerciale. Pour avoir une idée de la végétation puissante que l'on peut réclamer de cette variété, il suffit de se rappeler un des pieds les plus forts, connus à Harewood House (en Angleterre), qui fut planté par un nommé Chapman, il y a un siècle, en 1783, et qui couvre actuellement une serre de 20 mètres de long sur 6 de large (3).

(1) Don Simon Roxas Clemente, loc. cit., p. 71.
(2) H. Marès, loc. cit., p. 80.
(3) A. F. Barron, loc. cit., p. 237.

Il est, en conséquence, aisé de reconnaître que cette vigne est la plus rémunératrice dès qu'elle fait l'objet d'une culture toute spéciale. Au contraire, elle ne réussit pas aussi bien quand elle est dans une serre pour figurer seulement un type de collection. La végétation étant plus lente que chez les autres vignes cultivées de concert avec elle, il est important qu'on lui accorde une température supérieure de 2 à 3 degrés et qu'on la mette dans une terre spéciale. D'une difficulté assez sentie pour la culture en pots, elle met six mois à mûrir, après le départ de la végétation.

La floraison est particulièrement délicate et la nouaison présente de grandes difficultés. Il faut, à ce moment, une aération énergique et ne pas laisser la température s'abaisser au-dessous de 20 degrés. Quand la maturité est complète on peut, avec des soins, conserver les raisins sur la treille et il n'est pas rare de voir, en Angleterre, des serres entièrement garnies d'un raisin splendide, 3 à 4 mois après la maturité. M. A. Cordonnier dit avoir vu, au mois de mars, des vignes intactes, avec le raisin mûr depuis le mois d'octobre. La pratique démontre que, à l'inverse des raisins noirs, les grappes directement exposées au soleil acquièrent les qualités les plus élevées. Quelques grains prennent alors une teinte rosée très délicate qui indique une haute perfection.

La consommation du Muscat d'Alexandrie ne semble pas devoir être considérable en France, où le goût musqué est peu apprécié ; on ne trouverait pas même, actuellement, l'écoulement d'une seule serre moyenne sur le marché parisien. En Angleterre, au contraire, on peut en écouler de très grandes quantités à des prix très avantageux. Les prix sont très variables suivant la qualité et les époques, de 2 à 30 francs le kilog. Dans les mois de l'année où les raisins français abondent à Paris, le Muscat se vend encore à Londres de 4 à 8 francs le kilog., en très grandes quantités. En hiver, à Londres, les prix varient de 10 à 20 francs le kilog. L'extra se vend encore plus cher. En France, la vente n'atteint sûrement pas 10 kilog.

par jour. A Paris, les prix sont, pendant les mois de décembre à mai, de 4 à 8 francs le kilog. ; d'avril à mai, au moment où les étrangers sont nombreux, ils montent à 6 et 18 francs le kilog. De juin à juillet, ils ne dépassent pas 4 à 15 francs le kilog. En Belgique, on vend un peu plus de Muscat qu'en France. Cependant, sa culture y est possible à cause de l'écoulement certain de quantités moyennes.

La proportion, en tant pour cent, de la quantité de muscat, cultivé par rapport aux autres variétés dans les serres, tant en Angleterre qu'en Belgique et en France, peut être établie comme suit :

Angleterre	10 o/o	sur	150	hectares	vitrés
Iles Jersey et Guernesey	15 o/o	—	150	—	—
Belgique	1 o/o	—	250	—	—
France	1 o/o	—	10	—	—

C'est donc en Angleterre, comme nous l'avons déjà dit, que la culture du Muscat d'Alexandrie est de beaucoup la plus répandue.

Opiman

Synonymes. — Schiradzouli blanc ou Blanc de Gandjah (comte Odart). Weisse Schirastraube (Hermann Gœthe).

Description. — *Souche* très vigoureuse à tronc fort; écorce se détachant en petites plaques épaisses.

Sarments longs, assez droits, d'une grosseur moyenne ; mérithalles de moyenne longueur, aplatis sur un côté ; bourgeons doubles, verdâtres, coniques ; ramifications nombreuses et grêles; bois épais contenant une moelle peu abondante ; diaphragmes assez épais, et concaves ; sarments herbacés, de couleur verdâtre, rarement rosés.

Bourgeonnement d'un aspect vert tendre, légèrement carminé.

Jeunes feuilles très minces, glabres et lisses sur les deux faces, la partie inférieure étant plus terne que la partie supérieure.

Feuilles adultes grandes, entières ou rarement trilobées, très souvent asymétriques; sinus pétiolaire en V très

Fragment d'une grappe de Opiman.

ouvert; sinus latéraux supérieurs peu apparents; sinus latéraux inférieurs nuls; dents en deux séries, aiguës, assez proéminentes; limbe vaguement creusé en gouttière, épais et parcheminé, glabre sur les deux faces; face supérieure vert sombre; face inférieure plus terne; pétiole long, rosé supérieurement et renflé à la partie inférieure, formant avec le limbe un angle obtus peu ouvert.

Grappe très grosse, cylindro-conique, très dense, assez régulière; pédoncule assez fort, lignifié vers la base; pédicelles longs et grêles; bourrelet peu développé.

Grains très gros, très allongés, obovoïdes et comme

tronqués aux deux extrémités ; ombilic central ; peau assez épaisse, d'une couleur blanc verdâtre ; pruine peu abondante ; chair croquante ; saveur agréable et bien relevée.

Analyse du moût

Densité Beaumé à 15°.	9,7
Sucre par litre	162 gr.
Acidité (en SO^4H^2) par litre	5,35
Poids maximum d'un raisin	0^k,780

Graines au nombre de 3 généralement.
Maturité de troisième époque.

Epoques de végétation

Débourrement.	25 mars.
Floraison	26 mai.
Maturité.	14 septembre.
Effeuillaison	6 décembre.

Observations. — Dans les collections françaises, l'Opiman est fréquemment désigné sous le nom de Schiradzouli blanc. C'est sous cette appellation qu'il a été décrit par MM. Mas et Pulliat (1). Nous avons cependant tenu à conserver le nom d'Opiman au cépage que nous décrivons en laissant celui de Schiradzouli à la variété à grains roses. D'ailleurs, la coloration du grain n'est pas la seule différence qui existe entre ces deux vignes. En effet, tandis que l'Opiman possède un fruit tronqué à l'extrémité et un feuillage découpé et glabre, le Schiradzouli rose présente un fruit plus régulièrement ellipsoïde avec des feuilles moins découpées que la précédente et blanchâtres à la face inférieure.

Le comte Odart (2), parlant du Schiradzouli blanc (Opiman), dit que le nom de cette variété indique qu'elle fut tirée des environs de Schiras et qu'elle est probablement d'origine persane. Il ajoute qu'elle est surtout

(1) Mas et Pulliat, loc. cit., tome II, p. 31.
(2) Comte Odart, loc. cit., p. 610.

cultivée dans les vignobles de Gandjea, situés dans le gouvernement de Tiflis, et c'est de là que lui vient son nom de blanc de Gandjah.

L'introduction de ce cépage, qui possède de très beaux fruits et d'une excellente qualité, est due à M. Hartwiss, directeur du jardin botanique de Nikita.

M. Ermens (1), parlant de l'Opiman et du Kawaurie, dont il sera question plus loin, dit qu'en Kashmir « ces vignes sont plantées au pied des peupliers et montent à 60 ou 70 mètres. Abandonnées à elles-mêmes, elles produisent considérablement, quoique dans d'aussi mauvaises conditions. » M. Ermens dit également qu'il a obtenu de l'excellent vin blanc avec des raisins d'Opiman. Ces deux vignes, à cause de leur extrême vigueur, avaient été introduites en France au moment de l'invasion phylloxérique, dans l'espoir qu'elles résisteraient à l'insecte. Il est inutile d'ajouter que ces espérances ne furent pas confirmées par la pratique.

Culture. — Il faut mettre l'Opiman en espalier, sans quoi le raisin n'atteint pas toujours une maturité uniforme, ce qui nuit à sa qualité. Il demande, pour être avantageux, une forme à grand développement avec une taille à courson. Conduit en gobelet il n'est pas improductif, mais son rendement est bien diminué. L'Opiman est, en résumé, un cépage très vigoureux, fournissant une grappe agréable à l'œil et appétissante.

Rosaki

—

Synonymes. — Rosaki d'Anatolie ou Vigne de Karabournou (d'après M. V. Pulliat). Chondrorogo ou Cotico (d'après M. Drakidès). Razakia. Resaki. Rhozaki.

(1) G. Ermens, directeur des travaux agricoles et vinicoles de Sa Majesté le Maharajah de Kashmir et de Jummao. — Lettre de Kashmir — *Revue horticole*, 1880, p. 265.

Description. — *Souche* de très bonne vigueur à tronc fort; écorce se détachant en lanières petites et peu épaisses.

Sarments très longs, un peu sinueux, d'une grosseur moyenne ; mérithalles très longs, assez aplatis ; ramifications assez fortes, nombreuses, surtout vers la base ; bois peu épais, contenant une moelle abondante ; écorce épaisse, présentant des côtes assez accusées ; diaphragmes peu épais et concaves ; sarments herbacés verdâtres, teintés de rose vineux, surtout au sommet des côtes.

Bourgeonnement d'un aspect vert tendre.

Jeunes feuilles quinquelobées, glabres sur les deux faces ; face supérieure vernissée, face inférieure vert terne.

Feuilles adultes moyennes, un peu petites, entières ou trilobées, le plus souvent quinquelobées ; sinus pétiolaire en U très ouvert ; sinus latéraux supérieurs bien marqués, et assez souvent plus profonds d'un côté que de l'autre ; lobe supérieur peu détaché ; lobes latéraux souvent non apparents ; dents en deux séries, aiguës, bien saillantes ; limbe mince, parcheminé, un peu révoluté sur les bords, glabre sur les deux faces ; face supérieure d'un vert un peu terne ; face inférieure vert pâle ; pétiole de moyenne longueur, renflé à la base, un peu aplati, lavé de rose sur certains points ; limbe formant avec le pétiole un angle obtus presque droit.

Grappe longue, cylindro-conique, assez dense et bien régulière ; pédoncule moyennement long, fort et lignifié ; pédicelles assez longs, un peu forts.

Grains gros, elliptiques, quelquefois légèrement incurvés ; ombilic central ; peau assez épaisse, d'un blanc doré ; pruine peu abondante ; chair croquante ; saveur très agréable et bien relevée.

Analyse du moût

Densité Beaumé à 15°	9,7
Sucre par litre	162 gr.
Acidité (en SO^4H^2) par litre	4,31
Poids maximum d'un raisin	0^k,530

Graines au 1 à 2 généralement.
Maturité de troisième époque.

Epoques de végétation

Débourrement.	9 avril.
Floraison	7 juin.
Maturité.	31 août.
Efleuillaison	20 novembre.

Observations. — Le Rosaki ne doit pas être confondu avec le Razaki à fruit rouge qui est répandu en Autriche

Fragment d'une grappe de Rosaki.

et en Roumanie. M. V. Pulliat (1) dit qu'on lui a envoyé sous le nom de Rosaki d'Égypte un cépage à feuilles moins lisses et plus duveteuses que le Rosaki proprement

(1) V. Pulliat. *Mille variétés de vignes*, p. 319.

dit. Le même auteur ajoute que le Rosaki est identique à la variété nommée Vigne de Karabournou (1). M. H. Marès a reçu directement ce cépage de Smyrne en 1856, sous le nom de Rosaki ou Rosaki aspro (2).

M. Drakidès de Kafr-Zazat (Égypte), qui a bien voulu répondre aux renseignements que nous lui avons demandés, nous a fourni sur le Rosaki les indications suivantes. Le Rosaki est cultivé dans l'île de Cos (Turquie) d'où l'on exporte chaque année des quantités énormes de ce raisin dans toutes les grandes villes de l'Orient jusqu'en Russie et même en France. Le fruit voyage très facilement ; il peut se conserver plus d'un mois après avoir été détaché de la souche, la râfle se dessèche, noircit, mais le grain reste intact.

Dans l'île de Cos on pratique, au mois de juin, sur le Rosaki, un pincement qui amène d'abord une deuxième floraison, puis une deuxième maturation vers la fin octobre. M. Drakidès dit avoir vu, dans les endroits humides de l'île de Rhodes, des grains de ce cépage atteignant la grosseur d'une petite noix.

Le Rosaki est assez répandu en Égypte, Grèce, Turquie, et aux environs de Smyrne.

Culture. — Le Rosaki est très vigoureux et productif à toutes les tailles, mais, comme les précédents, il se comporte très bien surtout de la forme en espalier. Il possède un fruit très beau, agréable à manger, garnissant admirablement les caisses d'expédition.

Sultana à gros grains

Description. — *Souche* de vigueur moyenne assez forte;

(1) Pour M. Salomon de Thomery, Vigne de Karabournou est synonyme de Chaouch.

(2) H. Marès, loc. cit, p. 106.

écorce très grossière, se détachant en lanières larges et épaisses.

Sarments longs, très amincis au sommet, d'une grosseur un peu faible ; mérithalles de longueur moyenne, présentant deux sillons opposés ; bourgeons généralement doubles et de dimensions inégales ; ramifications nombreuses sur toute la longueur du sarment ; bois peu épais, contenant une moelle abondante ; écorce peu épaisse, très finement striée ; diaphragmes d'épaisseur moyenne, à surface sensiblement plane ; sarments herbacés verdâtres ou

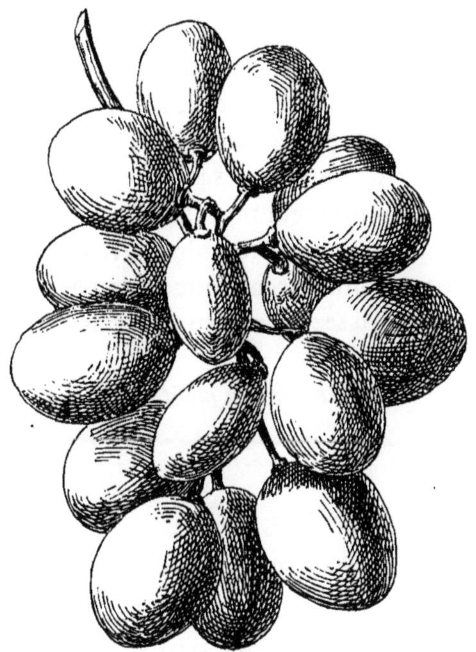

Fragment d'une grappe de Sultana à gros grains.

vert jaunâtre, parfois rose vineux, mais ayant toujours les nœuds envinés.

Bourgeonnement vert clair et légèrement blanchâtre.

Jeunes feuilles blanchâtres et tomenteuses sur les deux faces, mais cette couleur disparaît vite à la face supérieure qui devient vernissée, avec des bandes roussâtres entre les nervures principales.

Feuilles adultes grandes et franchement quinquelobées ;

sinus pétiolaire fermé, les deux bords du limbe ne se recouvrant qu'à la partie supérieure, en laissant une petite ouverture vers la partie la plus voisine du pétiole; sinus latéraux supérieurs très profonds, les inférieurs peu marqués; sinus supérieur nettement détaché, les inférieurs moins apparents ; dents en deux séries assez saillantes, aiguës ou obtuses ; limbe légèrement tourmenté, finement gaufré entre les nervures ; face supérieure glabre et vert foncé ; face inférieure légèrement blanchâtre avec poils aranéeux ; pétiole assez long, fort, renflé à la base, d'une couleur vineuse, le limbe de la feuille formant avec le pétiole un angle obtus.

Grappe généralement courte, quelquefois assez longue, simple ou bifurquée, peu ramifiée, moyennement serrée, assez régulière; pédoncule un peu court, verdâtre, ligneux, inséré sur une partie saillante ; pédicelles assez courts ; pinceau de grosseur moyenne.

Grains sur-moyens, discoïdes, plus développés d'un côté que de l'autre; ombilic excentrique ; peau assez épaisse et blanchâtre ; chair assez ferme, sucrée, pas très relevée.

Analyse du moût

Densité Beaumé à 15°	9,9
Sucre par litre.	167 gr.
Acidité (en So^4H^2) par litre	3,94
Poids maximum d'un raisin	0^k,215

Graines au nombre de 1 à 2 généralement.

Maturité de troisième époque tardive.

Epoques de végétation

Débourrement.	2 avril.
Floraison	4 juin.
Maturité.	1 septembre.
Effeuillaison	9 novembre.

Observations. — Ce cépage a été envoyé de Grèce sous le nom de Sultana : nous l'avons dénommé Sultana à gros grains pour éviter de le confondre avec le Sultanina qui est une variété toute différente, possédant un grain plus petit dépourvu de pépins. Le Sultana à gros grains est un peu sujet au millerandage, aussi il est bon de pratiquer des soufrages au moment de la floraison. Il est d'une fertilité assez grande et demande une taille à grand développement. Son raisin est très beau mais d'un goût un peu fade. L'analyse du moût indique d'ailleurs une pauvreté bien marquée en acidité. Il peut être utilisé pour les conserves.

Vigne d'Ascalon

—

Description. — *Souche* vigoureuse ; écorce se détachant en lanières longues et étroites.

Sarments assez longs, gros, à mérithalles moyens ; ramifications assez nombreuses et fortes ; bois abondant, moelle peu développée ; cloisons de nœuds d'épaisseur moyenne et concaves ; sarments herbacés de couleur rosée, avec des bandes plus accentuées sur le sommet des côtes.

Bourgeonnement d'aspect grisâtre.

Jeunes feuilles trilobées blanchâtres et tomenteuses sur les deux faces.

Feuilles adultes de grande dimension et profondément trilobées ; sinus pétiolaire en U ouvert ; sinus latéraux supérieurs profonds, les inférieurs non apparents ; lobe supérieur détaché ; dents aiguës assez saillantes ; limbe parcheminé et un peu tourmenté, vert foncé et glabre à la face supérieure, d'un vert plus clair et assez tomenteux à la face inférieure ; pétiole long, rosé et contourné à la base, formant avec le limbe un angle droit.

Grappe grosse, ailée, de densité moyenne et très régulière ; pédoncule long, grêle et non lignifié ; pédicelles assez longs et filiformes.

Grains gros ellipsoïdes, très allongés et comme tronqués à l'extrémité ; ombilic central ; peau d'épaisseur moyenne, de couleur jaunâtre et peu pruinée. Chair sucrée, croquante, d'une saveur agréable.

Fragment d'une grappe de Vigne d'Ascalon.

Analyse du moût

Densité Beaumé à 15°	10,8
Sucre par litre.	186 gr.
Acidité (en So^4H^2) par litre	5,60
Poids maximum d'un raisin	0^k,495

Graines au nombre de 2 généralement.
Maturité de troisième époque.

Époques de végétation

Débourrement.	2 avril.
Floraison	6 juin.
Maturité.	10 septembre.
Effeuillaison	17 novembre.

Observations. — La vigne d'Ascalon est originaire de la Palestine. C'est un cépage de production un peu faible, donnant des fruits très beaux et très ornementaux. Il conviendrait parfaitement aux expéditions. Les tailles à grand développement sont celles qui le poussent le plus à la production.

D'après les observations que nous avons pu faire sur toutes les vignes de l'ancien monde cultivées à l'école de Montpellier, c'est la vigne d'Ascalon qui a perdu ses feuilles la dernière.

Ygia

Description. — *Souche* de vigueur moyenne, à tronc moyen ; écorce rugueuse se détachant en lanières assez longues.

Sarments assez longs, peu coudés aux nœuds, d'une grosseur un peu faible ; ramifications peu abondantes ; bois peu épais avec une moelle très abondante ; écorce mince et très finement striée ; diaphragmes assez épais et sensiblement plats ; sarments herbacés, verdâtres, lavés d'un rouge vineux sur toute la longueur ; limbe formant avec le pétiole un angle obtus assez ouvert.

Bourgeonnement vert tendre.

Jeunes feuilles présentant quelques rares poils aranéeux, vernissées et roussâtres sur les deux faces, la face inférieure étant plus pâle que la face supérieure.

Feuilles adultes un peu petites, entières et très rarement trilobées ; sinus pétiolaire en V bien ouvert ; sinus latéraux inférieurs nuls, les supérieurs peu profonds ; lobe supérieur peu détaché ; lobes latéraux indiqués par des dents plus longues ; dents en deux séries, aiguës, peu saillantes ; limbe vaguement creusé en gouttière, finement gaufré entre les nervures, d'une consistance parcheminée ; face

Fragment d'une grappe d'Ygia.

supérieure glabre et vert sombre ; face inférieure vert terne avec quelques poils floconneux disséminés sur les nervures et les sous-nervures ; pétiole grêle, court, un peu renflé à la base, très enviné ; limbe formant avec le pétiole un angle obtus assez ouvert.

Grappe de grandeur moyenne, cylindro-conique, assez dense et bien régulière ; pédoncule assez long, lignifié à la base ; pédicelles courts et assez forts ; pinceau petit.

Grains moyens, légèrement elliptiques ; ombilic central ; peau assez fine, d'un blanc légèrement violacé ; pruine peu abondante ; chair fondante et sucrée ; saveur assez agréable, d'un goût légèrement acidulé.

Analyse du moût

Densité Beaumé à 15°	10,9
Sucre par litre	188 gr.
Acidité (en So^4H^2) par litre	5,82
Poids maximum d'un raisin	0^k,475

Graines au nombre de 2 généralement.
Maturité de deuxième époque.

Epoques de végétation

Débourrement	2 avril.
Floraison	31 mai.
Maturité	31 août.
Effeuillaison	31 octobre.

Observations. — L'Ygia est originaire du Caucase. C'est un cépage productif et très peu coulard. Son raisin est très beau ; mais,contrairement au précédent,il présente un goût un peu acidulé qui lui communique une saveur spéciale sans être désagréable.

CHAPITRE II

CÉPAGES A GRAINS GROS ET SPHÉRIQUES

Adjenet Myskett

Description. — *Souche* de faible vigueur, à tronc peu développé; écorce se détachant en lanières assez larges et moyennement régulières.

Fragment d'une grappe d'Adjenet Myskett.

Sarments de longueur moyenne, peu coudés, assez gros; mérithalles un peu courts; nœuds assez saillants; ramifications nulles; bois assez épais, moelle peu abondante, excepté près des cloisons; écorce grossièrement striée; diaphragmes assez épais et concaves; sarments herbacés verdâtres, un peu rosés à hauteur des nœuds.

Bourgeonnement d'un aspect blanchâtre.

Jeunes feuilles tomenteuses sur les deux faces, un peu roussâtres, s'éclaircissant lentement à la page supérieure, restant blanchâtres à la page inférieure.

Feuilles adultes de dimensions moyennes, trilobées, à peine quinquelobées; sinus pétiolaire en V assez ouvert; sinus latéraux supérieurs ouverts à angle droit; sinus latéraux inférieurs moins ouverts; lobe supérieur nettement détaché; lobes latéraux à peine indiqués; dents très aiguës et saillantes; limbe un peu tourmenté et parcheminé; pétiole cylindrique assez long, rosé vers la partie supérieure, renflé inférieurement; limbe de la feuille formant avec le pétiole un angle obtus.

Grappe de grandeur moyenne, cylindrique, dense et régulière; pédoncule court, fort et ligneux; pédicelles courts; pinceau peu développé.

Grains sur-moyens, sphériques; ombilic central; peau fine d'un jaune doré, un peu violacée; pruine assez abondante; chair fondante et sucrée, saveur agréable.

Graines au nombre de 2 généralement.

Maturité de deuxième époque.

Epoques de végétation

Débourrement.	28 mars.
Floraison	4 juin.
Maturité	22 août.
Effeuillaison	24 octobre.

Observations. — Suivant le comte Odart (1), l'Adjenet Myskett est identique au Muscat de Syrie. Nous n'avons pas cru admettre cette synonymie, car le fruit de l'Adjenet

(1) Comte Odart, loc. cit., p. 450.

Myskett possède un goût franc et non musqué. Rassim pacha décrit sous le nom de Misket uzumu deux variétés dont l'une est à grappe serrée et l'autre à grappe lâche. La description qui en est donnée les rapproche beaucoup de la nôtre. Le même auteur parle également du Misket de Smyrne, qui serait différent des précédents.

Culture. — Dans les collections de l'École d'agriculture de Montpellier, l'Adjenet Myskett conduit en gobelet ne donne qu'un rendement insignifiant; nul doute qu'il se comporterait beaucoup mieux de la taille en cordon. Ce cépage possède un fruit très agréable à manger, mais sa peau fine et sa chair fondante ne doivent pas lui permettre de supporter facilement le voyage.

Assoued Kere

Description. — *Souche* assez vigoureuse, à écorce se détachant en lanières longues et étroites.

Sarments longs, de grosseur moyenne, à mérithalles moyens ; ramifications peu nombreuses et petites ; bois peu épais, contenant une moelle abondante ; cloisons des nœuds planes, peu épaisses et non parallèles; sarments herbacés, présentant de larges bandes envinées du côté de la lumière.

Bourgeonnement d'un vert légèrement grisâtre.

Jeunes feuilles tomenteuses et roussâtres.

Feuilles adultes grandes, trilobées ou très légèrement quinquelobées; sinus pétiolaire en V peu ouvert, quelquefois fermé ; sinus latéraux supérieurs assez profonds ; les latéraux nuls ou à peine marqués; lobe supérieur bien détaché, les latéraux généralement non apparents ; dents aiguës et peu saillantes ; limbe à bords relevés et coriace ; face supérieure glabre et vert foncé ; face inférieure d'un vert tendre et légèrement tomenteuse ; pétiole moyennement long et rosé, formant avec le limbe un angle droit ou obtus.

Grappe grande, assez ailée, peu dense et moyennement régulière; pédoncule long et non lignifié ; pédicelles un peu grêles ; pinceau peu développé et incolore.

Fragment d'une grappe d'Assoued Kere.

Grains gros, sphériques, ou très légèrement elliptiques ; ombilic généralement excentrique ; peau assez épaisse, de couleur jaunâtre à la maturité ; pruine peu abondante ; chair sucrée, un peu croquante.

Analyse du moût :

Densité Beaumé à 15°	9,8
Sucre par litre	164 gr.

Acidité (en SO^4H^2) par litre	5,47
Poids maximum d'un raisin	0^k,340

Graines au nombre de 2 généralement.
Maturité de deuxième époque.

Epoques de végétation

Débourrement	2 avril.
Floraison.	10 juin.
Maturité	31 août.
Effeuillaison	5 novembre.

Observations. — L'Assoued Kere est originaire de la Palestine, il est productif et donne un beau fruit d'une saveur très agréable. Les tailles à grand développement sont celles qui lui conviennent le mieux.

Curisti blanc

Description. — *Souche* de bonne vigueur à tronc fort ; écorce se détachant en lanières étroites et longues.

Sarments longs, gros ; mérithalles un peu courts ; ramifications peu nombreuses ; bois très épais, moelle peu abondante ; écorce bien striée ; diaphragmes assez épais et concaves ; sarments herbacés, de couleur verdâtre, lavés d'un rose vineux sale.

Bourgeonnement d'un aspect blanc roussâtre.

Jeunes feuilles légèrement tomenteuses, roussâtres et brillantes à la face supérieure, blanchâtres à la face inférieure.

Feuilles adultes grandes, très nettement quinquelobées ; sinus pétiolaire fermé, les deux bords du limbe se superposant vers le haut ; sinus latéraux supérieurs très marqués, les inférieurs bien ouverts ; lobes bien détachés ;

dents un peu aiguës, assez saillantes ; limbe épais, à bords un peu relevés ; face supérieure vert foncé et glabre ; face inférieure vert pâle avec quelques poils lanugineux ; pétiole un peu court, renflé aux extrémités, formant avec le limbe un angle très obtus.

Grappe petite, sphérique, peu dense, assez régulière ; pédoncule moyennement long, un peu grêle, non lignifié ; pédicelles assez forts, courts ; pinceau assez long, incolore.

Grains sur-moyens, sphériques, assez fermes ; ombilic central ; peau fine et blanc verdâtre ; pruine peu abondante ; chair ferme et croquante ; jus peu sucré ; saveur un peu acidulée.

Graines au nombre de 1 à 2 généralement.

Maturité de deuxième époque.

Epoques de végétation :

Débourrement	2 avril.
Floraison	3 juin.
Maturité	3 septembre.
Effeuillaison.	4 décembre.

Observations. — Ce cépage a été envoyé de Grèce sous le nom de Curisti, nous l'avons dénommé Curisti blanc pour ne pas le confondre avec le Kuristi mici, qui est un cépage tout différent. Le Curisti blanc n'est pas coulard, mais, conduit en gobelet, son rendement est presque nul. Les formes à grand développement lui conviendraient certainement beaucoup mieux. Son fruit, un peu acidulé, possède un bon goût sans être très agréable.

CHAPITRE III

CÉPAGES A GRAINS MOYENS OU PETITS ET ALLONGÉS

Egyptien féher

Synonyme. — Egyptische (d'après H. Gœthe).

Description. – *Souche* de faible vigueur, à tronc peu développé ; écorce s'enlevant en larges lanières.

Sarments courts, un peu sinueux, de faible grosseur ; mérithalles courts ; nœuds peu saillants ; bois peu épais, contenant une moelle très abondante ; écorce finement striée ; diaphragmes assez épais ; sarments herbacés, de couleur, rosée.

Bourgeonnement d'un aspect duveteux.

Jeunes feuilles blanchâtres sur les deux faces, légèrement rosées sur les bords, s'éclaircissant vite à la page supérieure, conservant leur aspect à la partie inférieure.

Feuilles adultes de dimensions moyennes, profondément quinquelobées ; sinus pétiolaire fermé au sommet en laissant vers le pétiole un vide de forme circulaire ; sinus latéraux supérieurs profonds et arrondis ; sinus latéraux inférieurs arrondis et le plus souvent fermés ; lobes supérieur et latéraux très détachés ; dents assez aiguës, bien saillantes ; limbe un peu gaufré et parcheminé ; face supérieure glabre et vert foncé ; face inférieure blanchâtre et assez tomenteuse ; pétiole renflé à la base et rosé ; limbe formant avec le pétiole un angle obtus.

Grappe assez grande, cylindrique, dense et régulière ; pédoncule moyennement long, assez fort ; pédicelles de longueur moyenne.

Grains moyens, plutôt petits, régulièrement ellipsoïdes ; ombilic central ; peau épaisse, de couleur jaune dorée ; pruine peu abondante ; chair croquante et sucrée ; saveur très agréable.

Fragment d'une grappe d'Egyptien féher.

Analyse du moût

Densité Beaumé à 15°	9.7
Sucre par litre.	162 gr.
Acidité (en So^4H^2) par litre	4,07.
Poids maximum d'un raisin.	0,k,260

Graines au nombre de 2 généralement.
Maturité de deuxième époque.

Epoques de végétation

Débourrement	3 avril.
Floraison	6 juin.

Maturité . . . . 25 août.
Effeuillaison . . . . 19 novembre.

Observations. — L'Egyptien féher, suivant M. Hermann Gœthe (1), est cultivé en Egypte comme cépage de cuve. Il pourrait constituer en France un excellent raisin de table. Son fruit, mûrissant presque sous tous les climats, est très beau et possède un goût extrêmement agréable. Il est assez productif et non coulard.

Hibron blanc

—

Description. — *Souche* de faible vigueur à tronc peu développé ; écorce se détachant en lanières assez régulières et longues.

Sarments assez longs, peu coudés, de grosseur moyenne ; mérithalles moyens ; ramifications nulles ; bois d'épaisseur moyenne, à moelle assez abondante ; écorce bien striée ; diaphragmes épais et concaves ; sarments herbacés vert jaunâtre, légèrement rosés à hauteur des nœuds.

Bourgeonnement d'un aspect général vert tendre.

Jeunes feuilles légèrement tomenteuses sur les deux faces, mais s'éclaircissant au bout de peu de temps.

Feuilles adultes de grandeur moyenne, nettement quinquelobées ; sinus pétiolaire très ouvert vers le pétiole et fermé du côté opposé de telle façon qu'il reste un vide de forme circulaire ; sinus latéraux supérieurs profonds, arrondis et fermés, les inférieurs arrondis également ; lobe supérieur très détaché, les latéraux détachés ; dents assez aiguës, bien saillantes ; limbe peu gaufré, parcheminé ; face supérieure glabre et vert foncé ; face inférieure vert

(1) Hermann Gœthe. *Handbuch der Ampelographie*, p. 63.

terne avec quelques rares poils aranéeux disséminés sur les nervures principales ; pétiole court, cylindrique, un peu rosé ; limbe de la feuille formant avec le pétiole un angle droit ou aigu, quelquefois obtus.

Grappe petite, sphérique, peu dense, assez régulière ; pédoncule long et grêle ; pédicelles courts ; bourrelet saillant ; pinceau peu développé.

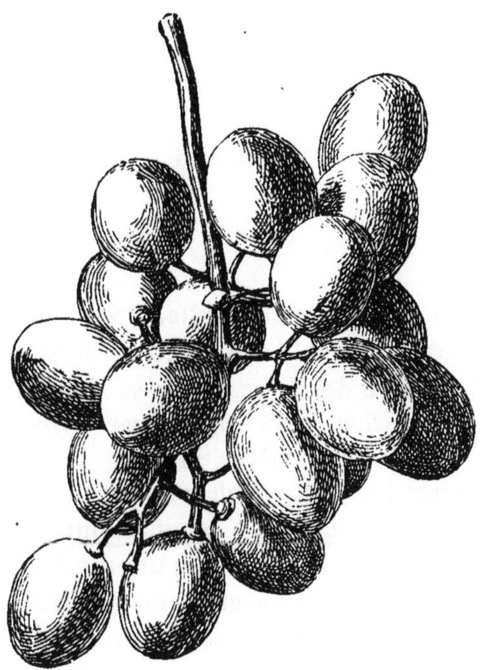

Fragment d'une grappe de Hibron blanc.

Grains de grosseur moyenne, régulièrement elliptiques ; ombilic central ; peau assez épaisse, d'un beau jaune doré à la maturité ; pruine peu abondante ; chair assez fondante ; saveur relevée très agréable.

Graines au nombre de 2 à 3 généralement.

Maturité de deuxième époque.

Époques de végétation

Débourrement.	2 avril.
Floraison	29 mai.

Maturité . . . . 2 septembre.
Effeuillaison . . . . 24 novembre.

Observations. — L'Hibron blanc ressemble beaucoup à l'Egyptien féher, mais le feuillage, qui est glabre chez le premier, est tomenteux chez le second.

L'Hibron blanc est un cépage d'origine asiatique peu vigoureux, d'une fertilité médiocre lorsqu'il est conduit en gobelet, et possédant un fruit à saveur très agréable.

Sultanina

—

Synonymes. — Sultanieh. Sultan. Sultani. Sirihi Sultani. Ezékerdeksiz des Turcs. Kechmish jaune à grains oblongs Couforogo des Grecs (d'après le comte Odart).

Description. — *Souche* très vigoureuse, à tronc très fort ; écorce se détachant en lanières étroites.

Sarments très longs, sensiblement droits, gros ; mérithalles de longueur moyenne ; ramifications fortes et nombreuses ; bois peu épais, contenant une moelle abondante ; écorce moyennement épaisse et finement striée ; diaphragmes assez épais et concaves ; sarments herbacés, de couleur vert jaunâtre, lavés de rose surtout à hauteur des nœuds.

Bourgeonnement d'un aspect vert roussâtre.

Jeunes feuilles glabres sur les deux faces, vernissées à la partie supérieure, plus pâles inférieurement.

Feuilles adultes de grande dimension, entières, vaguement trilobées ; sinus pétiolaire fermé, les deux bords du limbe se recouvrant ; sinus latéraux supérieurs peu profonds, les inférieurs nuls ; lobe supérieur assez marqué, les latéraux indiqués par des dents plus longues ; dents obtuses arrondies, peu saillantes ; limbe mince et parcheminé, vaguement tourmenté, à bords se relevant quelquefois ; face supérieure vert foncé et glabre ; pétiole long, fort, canaliculé, rosé et un peu renflé à la base.

Grappe assez longue, cylindro-conique, assez dense et régulière ; pédoncule moyennement long et non lignifié ; pédicelles grêles et de longueur moyenne ; bourrelet peu développé : pinceau court et incolore.

Fragment d'une grappe de Sultanina.

Grains sous-moyens, elliptiques, légèrement tronqués aux extrémités, ombilic central ; peau moyennement épaisse, d'un beau jaune doré à la maturité ; pruine peu abondante ; chair croquante ; saveur sucrée très agréable.

Analyse du moût

Densité Beaumé à 15°	11,5
Sucre par litre	203 gr.
Acidité (en So^4H^2) par litre	4,31
Poids maximum d'un raisin	0^k,555

Ne contient pas de *graines* (1).
Maturité de troisième époque tardive.

Epoques de végétation

Débourrement.	4 avril.
Floraison	6 juin.
Maturité.	24 août.
Effeuillaison	17 novembre.

Observations. — Le Sultanina est originaire de l'Anatolie où sa culture est très répandue pour la fabrication des raisins secs, à laquelle son fruit, dépourvu de grains, se prête très bien. D'après M. P. Mouillefert (2), il a été importé depuis peu de Smyrne en Grèce et il y réussit aussi bien que dans sa patrie. Enfin, on le rencontre encore dans plusieurs autres régions de l'Orient. Suivant M. H. Marès il se rapproche de la tribu des Olivettes (3). Le nom de Sultanieh, qui est donné souvent à ce cépage, provient très probablement de la ville de Soultanieh, située en Perse, non loin de la mer Caspienne.

Nous avons reçu, sous le nom de Sirihi Sultani, une vigne absolument identique au Sultanina. Ce cépage possède une variété à fruits roses.

Culture. — Le Sultanina donne, même cultivé en go-

(1) Les auteurs sont loin d'être d'accord sur les causes auxquelles on doit attribuer l'absence de pépins chez le Sultanina et le Corinthe. Pour quelques ampélographes, cette anomalie ne serait autre que le résultat d'un accident de végétation perpétué à l'aide du bouturage. Cette interprétation paraitrait juste si l'on retrouvait le cépage sur lequel s'est produit ce cas anormal, mais on n'a jamais rien reconnu de semblable, et M. Pulliat a donné de ce fait une explication qui nous paraît meilleure. « Un défaut de conformation des organes sexuels est certainement la cause de cette stérilité, et il peut tenir à une disposition native de la variété, car il doit avoir les plus grands rapports avec celui que l'on reconnaît dans les plantes à fleurs doubles que les horticulteurs savent si bien obtenir aujourd'hui par le semis. On voit très rarement quelques grains de la grappe de Corinthe augmenter de volume et devenir alors fertiles, et, de même, combien de fois des plantes nées à fleurs doubles, puis multipliées de tubercules ou de boutures, ne viennent-elles pas à dévier et se couvrent de fleurs simples et pourvues de bonnes graines. »

(2) P. Mouillefert. *Les vignobles et les vins de France et de l'étranger*, p. 426.

(3) H. Marès, loc. cit., p. 107.

belet, un rendement moyen. Dans son pays d'origine, il est taillé à long bois. Son fruit, de très belle dimension, possède toutes les qualités. Il est ornemental et sa dégustation est rendue très agréable par l'absence de pépins. Sa chair croquante lui permet de voyager facilement. Frais ou desséché, le Sultanina donne un raisin des plus délicats.

Vedi Firen Turki

Description. — *Souche* de vigueur moyenne, à tronc assez fort ; écorce presque lisse, se détachant par plaques très larges.

Fragment d'une grappe de Vedi Firen Turki.

Sarments de longueur moyenne ; mérithalles un peu courts et aplatis ; ramifications peu nombreuses ; bois épais, contenant une moelle abondante ; écorce peu épaisse, finement striée ; diaphragmes peu épais, sensiblement plats ; sarments herbacés, d'une couleur rouge brun, reposant sur un fond grisâtre.

Bourgeonnement d'un aspect vert blanchâtre, jeunes rameaux présentant à leur surface des poils floconneux.

Jeunes feuilles restant assez longtemps blanchâtres à la face inférieure ; face supérieure très blanche au début, devenant bientôt vernissée, glabre et vert tendre.

Feuilles adultes sous-moyennes, trilobées, quelquefois quinquelobées, sinus pétiolaire ouvert en U, les deux bords du limbe étant bien parallèles ; sinus latéraux supérieurs très profonds, les inférieurs peu profonds ou nuls ; lobe supérieur nettement détaché ; les latéraux non apparents ; dents en deux séries, aiguës, bien découpées ; limbe vaguement plié en gouttière ; face supérieure vert assez foncé et luisante ; face inférieure vert terne avec des poils aranéeux sur les nervures et les sous-nervures ; pétiole fort, un peu aplati, verdâtre, lavé de rose, formant avec le limbe un angle très obtus.

Grappe longue, un peu conique, lâche, assez régulière ; pédoncule un peu lignifié, court et généralement bifurqué ; pédicelles grêles et courts ; pinceau blanchâtre, peu développé.

Grains de grosseur sous-moyenne, un peu obovoïdes ; ombilic central ; peau peu épaisse mais résistante, de couleur jaune doré à la maturité ; pruine nulle ; chair ferme, un peu croquante ; saveur assez agréable, mais possédant un arrière-goût pas très franc.

Analyse du moût

Densité Beaumé à 15°	10
Sucre par litre.	169 gr.
Acidité (en So^4H^2) par litre	4,89
Poids maximum d'un raisin	0^k420

Graines au nombre de 1 généralement.

Maturité de troisième époque.

Epoques de maturité

Débourrement.	6 avril.
Floraison	6 juin.
Maturité	24 août.
Effeuillaison	17 novembre.

Observations. — Le Vedi Firen Turki est un cépage qui, comme son nom l'indique, est originaire de la Turquie. Il est très fertile et coule rarement. Son fruit est beau, mais possède un arrière-goût qui nuit un peu à sa qualité.

CHAPITRE IV

CÉPAGES A GRAINS MOYENS OU PETITS ET SPHÉRIQUES

Corinthe blanc

Synonymes. — Passera, Passereta, Passerina, Passolina en Italie. Corinto bianco (catalogue d'Antonio Mendola, de Favara). White corinth (A Guide to the orchard. Lindley). Weisse corinthe (Systemastisches Handbuch der Obstkunde, Dittrich). Corinthusi apro szemüfeher (Bude). Kishmish ou Kechmich par erreur en France et à l'étranger, in Mas et Pulliat. Raisin de Corée blanc (d'après M. Salomon).

Description. — *Souche* vigoureuse à tronc fort ; écorce se détachant en lanières étroites et irrégulières.

Sarments longs, presque droits, de grosseur moyenne ; mérithalles un peu courts et aplatis ; ramifications latérales petites, nombreuses, disséminées sur toute la longueur du sarment ; bois peu épais, moelle assez abondante ; écorce épaisse, à stries peu accentuées ; cloisons des nœuds moyennement épaisses, un peu concaves ; sarments herbacés de couleur jaunâtre, avec une teinte rose très légère du côté du soleil.

Bourgeonnement blanchâtre, assez tomenteux.

Jeunes feuilles blanchâtres au début et s'éclaircissant vite à la page supérieure.

Feuilles adultes sous-moyennes, trilobées, quinquelobées, quelquefois, mais rarement presque entières ; sinus pétiolaire légèrement ouvert en U, le plus souvent fermé ; sinus latéraux supérieurs profonds, les inférieurs à peine indiqués ; lobe supérieur bien détaché, les latéraux moins accentués ; dents en deux séries, aiguës et longues ; limbe épais, coriace, boursouflé surtout chez les jeunes feuilles ; face supérieure vert foncé et glabre ; face inférieure vert pâle et présentant des poils floconneux disséminés à la surface ; pétiole long, verdâtre, un peu coudé à la base.

Grappe assez longue, cylindrique, très dense, régulière, ailée vers le point d'attache ; pédoncule long et fort ; pédicelles courts et filiformes ; bourrelet petit ; pinceau assez fort.

Grains petits, sphériques ; ombilic central, indiqué par un point rougeâtre ; peau fine, d'un beau jaune doré à la maturité ; chair assez ferme, juteuse, sucrée et très agréable.

Analyse du moût

Densité Beaumé à 15°	12,4
Sucre par litre	220 gr.
Acidité (en So^4H^2) par litre	4,89
Poids maximum d'un raisin	0^k,335

Ne contient généralement pas de *graines* (1).
Maturité de première époque tardive.

Epoques de maturité

Débourrement	6 avril.
Floraison	8 juin.
Maturité	25 août.
Efleuillaison	10 novembre.

Observations. — Le Corinthe blanc est un cépage connu en France depuis longtemps. Il paraît originaire des îles de l'Archipel grec. Dans les îles de Zante, de Céphalonie, la presqu'île de Morée, etc., il est l'objet d'un commerce très étendu pour la fabrication des raisins secs. Les golfes de Corinthe et de Patras possèdent des vignobles où il est

(1) L'absence des pépins chez les Corinthes serait due, suivant M. H. Marès, à une modification spontanée du cépage. Ce même auteur a fréquemment trouvé des grains plus gros que les autres contenant un ou deux pépins, *loc cit.*, p. 110.

bien soigné. Les vendanges, qui se font vers le 15 juillet, durent environ une quinzaine de jours. Les grappes de raisin bien mûres sont étendues sur des claies en plein soleil puis, lorsqu'elles sont bien desséchées, on sépare les grains de la rafle par un passage au crible, après quoi on les nettoie en les faisant passer dans des appareils analogues aux tarares. D'autres fois, les raisins cueillis sont dé-

Fragment d'une grappe de Corinthe blanc.

posés sur des surfaces aplanies, souvent recouvertes de bouse de vache très sèche. Les grappes mettent de 15 à 17 jours pour sécher et si, pendant ce temps, il survient une pluie, le raisin est perdu ou diminue beaucoup de valeur. Les grains complètement secs sont séparés de la grappe et traités comme précédemment, puis ils sont accumulés dans des salles où ils s'attachent les uns aux autres à tel point que, pour l'exploitation, on est obligé de les séparer à l'aide de pioches (1). Ces raisins sont expédiés

(1) P. Mouillefert, *loc. cit.*, p. 426.

dans des caisses ou des sacs pesant de 80 à 120 kilog. ; ils y sont tellement comprimés qu'ils se transforment en un véritable bloc.

Le Corinthe est cultivé pour la production du vin dans le nord de l'Italie. Son raisin, mélangé à celui du Muscat blanc, sert à la confection des Muscats mousseux de Canelli qui sont très en vogue dans le Piémont. Le comte Odart (1) cite un Corinthe blanc, sans pépins, possédant des grains plus gros que ceux du Corinthe blanc ordinaire. MM. Mas et Pulliat (2), qui ont étudié cette forme, n'y ont vu qu'une simple variation très peu constante de ce dernier. On rencontre, dans les collections, un Corinthe noir (3) et un Corinthe rose dont les caractères botaniques sont absolument identiques à celui que nous décrivons. Ils n'en diffèrent que par la couleur de leurs grains. Le Corinthe noir (Black Corinth) est quelquefois cultivé dans les serres d'Angleterre, mais uniquement pour la curiosité (4).

Culture. — La souche est très vigoureuse, elle peut arriver en peu de temps à des dimensions considérables. On en a vu atteindre, en 25 ans, 1 mètre de circonférence à hauteur d'homme (5). Le Corinthe est de fertilité moyenne, mais on peut augmenter beaucoup son rendement par la sélection des sarments. Il se trouve très bien de la taille courte et réclame en plein champ un terrain sec pour éviter la pourriture des raisins. Il donne un fruit ornemental et de très bonne qualité. Il peut mûrir sous presque tous les climats.

Kechmish aly blanc

Synonymes. — Kechmish blanc. Kismith aly blanc.

(1) COMTE ODART, *loc. cit.*, p. 444.

(2) MAS et PULLIAT, *loc. cit.*, tome I, p. 32.

(3) Le Corinthe noir, d'après M. H. MARÈS, est appelé vulgairement *Passarilla* dans le Languedoc et la Provence.

(4) A. F. BARRON, *loc. cit.*, p. 184.

(5) NOUVEAU-DUHAMEL. *Lettre d'Audibert à Loiseleur-Deslongchamps*, VII, p. 219.

Kechmish blanc à grains ronds (d'après le comte Odart).

Description. — *Souche* de vigueur moyenne, à tronc moyen ; écorce se détachant en lanières étroites et longues.

Sarments longs, presque droits, de grosseur moyenne ; mérithalles un peu courts ; ramifications assez fortes, situées à la base des sarments ; bois assez épais, moelle moyennement abondante ; écorce peu épaisse et finement striée ; draphragmes assez minces ; sarments herbacés de

Fragment d'une grappe de Kechmish aly blanc.

couleur jaune verdâtre, lavés de rose vineux, surtout à hauteur des nœuds.

Bourgeonnement légèrement tomenteux, roussâtre et brillant.

Jeunes feuilles presque glabres sur les deux faces, vernissées et roussâtres à la face supérieure.

Feuilles adultes sur-moyennes et trilobées ; sinus pétiolaire en U bien ouvert ; sinus latéraux supérieurs profonds, les inférieurs nuls ; lobe supérieur bien détaché, les latéraux moins apparents ; dents finement mucronées, assez aiguës, moyennement saillantes ; limbe parcheminé, vaguement plié en gouttière ; face supérieure glabre et vert foncé ; face inférieure vert terne avec quelques rares poils sur les nervures ; pétiole moyennement long, assez fort, rosé au sommet et contourné à la base ; limbe formant avec le pétiole un angle droit ou obtus.

Grappe moyenne, cylindro-conique, assez régulière, peu serrée ; pédoncule long, assez grêle, un peu ramifié vers le sommet ; pédicelles courts assez forts ; bourrelet peu développé ; pinceau petit et incolore.

Grains moyens, presque sphériques, un peu déprimés au point pistillaire ; ombilic central ; peau résistante assez fine, d'un beau jaune doré à la maturité ; chair ferme, sucrée et très agréable.

Analyse du moût

Densité Beaumé à 15°	10,7
Sucre par litre	183 gr.
Acidité (en SO^4H^2) par litre	5,59

Ne possède pas de *graines*.
Maturité de deuxième époque.

Époques de végétation

Débourrement.	27 mars.
Floraison	6 juin.
Maturité.	22 août.
Effeuillaison	6 décembre.

Observations. — Le Kechmish est originaire de l'Orient où il doit, très probablement, être utilisé pour la fabrication des raisins secs. On le rencontre dans la Turquie d'Asie, mais il est répandu surtout en Perse où il sert à la confection des vins renommés de Schiras. Le comte Odart (1) donnait à ce cépage le nom Kechmish blanc à grains ronds, par opposition au Sultanina que nous avons étudié et qu'il dénommait Kechmish à grains oblongs. Ces deux variétés, qui n'ont de commun que l'absence de pépins, sont beaucoup trop différentes pour les rapprocher ainsi.

Culture. — Ce cépage est peu répandu, car on le considère généralement comme étant presque stérile. Dans la

(1) Comte Odart, *loc. cit.*, p. 447.

première partie de ce travail, nous avons, à propos de la sélection des boutures (1), donné l'appréciation de MM. Mas et Pulliat en ce qui concerne le Kechmish ; nous n'y reviendrons pas. Taillé en souche basse, il est en effet peu productif. Il faut employer, pour sa multiplication, des boutures rigoureusement sélectionnées. On doit le conduire en cordon horizontal avec coursons. Le fruit du Kechmish est très beau et possède un grain agréablement relevé.

Kustidini

Synonyme. — Custutidi.

Description. — *Souche* de vigueur moyenne, à tronc faible ; écorce se détachant en lanières courtes et étroites.

Sarments droits, de longueur moyenne ; mérithalles longs ; ramifications fortes, surtout à la base ; bois peu épais, moelle abondante ; diaphragmes moyennement épais et concaves ; sarments herbacés de couleur verdâtre, rarement rosés.

Bourgeonnement très légèrement duveteux et roussâtre.

Jeunes feuilles blanchâtres, devenant très vite roussâtres et vernissées à la page supérieure.

Feuilles adultes de dimensions moyennes, trilobées ; sinus pétiolaire en V très peu ouvert ; sinus latéraux supérieurs assez profonds, les inférieurs nuls ; lobe supérieur nettement détaché ; lobes latéraux non apparents ; dents aiguës et saillantes ; limbe épais et parcheminé, finement gaufré ; face supérieure vert foncé et glabre ; face inférieure vert tendre et glabre, avec quelques poils floconneux sur les nervures principales ; pétiole de grosseur moyenne, un peu contourné et renflé à la base ; limbe de la feuille formant avec le pétiole un angle droit.

(1) Voir page XVIII.

Grappe longue, cylindro-conique, dense vers le point d'attache, plus lâche à l'extrémité ; pédoncule fort, assez long, non lignifié ; pédicelles un peu courts, assez gros ; pinceau court et blanchâtre.

Grains sous-moyens, sphériques ; ombilic central ; peau mince, devenant d'un beau jaune doré à la maturité ; chair fondante ; jus très sucré ; saveur un peu musquée, extrêmement agréable.

Fragment d'une grappe de Kustidini.

Analyse du moût

Densité Beaumé à 15°	12,5
Sucre par litre	223 gr.
Acidité (en SO^4H^2) par litre	5,69
Poids maximum d'un raisin	0^k,300

Graines au nombre de 1 à 2 généralement.

Maturité de première époque tardive.

Epoques de végétation

Débourrement	3 avril.
Floraison	26 mai.
Maturité	4 septembre.
Effeuillaison	1 novembre.

Observations. — Le Kustidini est un cépage de Grèce qui est à peu près inconnu dans nos collections françaises ; M. Pulliat, qui le multiplie dans le but d'en faire du vin, nous a dit l'avoir reçu de Corfou sous le nom de Custutidi. Cette variété conduite en gobelet donne à l'École d'agriculture de Montpellier un bon rendement. La culture en espalier lui serait peut-être préférable. Son fruit possède une saveur et un parfum, au moins équivalents à nos variétés indigènes les plus justement réputées. Il serait à désirer que sa culture se propage.

Moscovitza

Description. — *Souche* de vigueur moyenne, à tronc peu développé ; écorce se détachant en lanières assez étroites et longues.

Sarments de longueur moyenne, assez droits, de grosseur assez faible ; mérithalles un peu courts ; ramifications nombreuses mais courtes ; bois peu épais, contenant une moelle très abondante ; écorce peu épaisse, finement striée ; diaphragmes épais et concaves ; sarments herbacés, de couleur violacée, lavés de rose vif et prenant assez tôt la couleur brunâtre de l'aoûtement.

Bourgeonnement vert grisâtre.

Jeunes feuilles roussâtres, présentant sur les deux faces quelques rares poils aranéeux qui disparaissent rapidement.

Feuilles adultes de dimensions moyennes, entières ou à peine trilobées ; sinus pétiolaire en V à peine ouvert, le plus souvent fermé ; sinus latéraux supérieurs nuls ou peu profonds, les inférieurs nuls ; lobe supérieur légèrement détaché, les latéraux non apparents ; dents en deux séries, assez longues, aiguës et bien saillantes ; limbe un peu

Fragment d'une grappe de Moscovitza.

parcheminé, vaguement plié en gouttière, glabre et vert foncé à la face supérieure ; face inférieure vert terne avec quelques rares poils floconneux disséminés sur les nervures principales ; pétiole long, rosé, renflé à la base, un peu aplati ; limbe formant avec le pétiole un angle obtus.

Grappe de grandeur moyenne, cylindro-conique, peu dense, assez régulière ; pédoncule long, mais pas très fort ; pédicelles courts, un peu grêles ; pinceau peu développé, incolore.

Grains un peu petits, sphériques ; ombilic central ; peau moyennement épaisse, verdâtre, devenant à la maturité d'un beau jaune doré ; chair assez ferme ; jus sucré et incolore, saveur musquée entièrement agréable.

Analyse du moût

Densité Beaumé à 15°	12,2
Sucre par litre	216 gr.
Acidité (en SO^4H^2) par litre	5 gr.
Poids maximum d'un raisin	0^k,288

Graines au nombre de 2 généralement.
Maturité de première époque tardive.

Epoques de végétation

Débourrement	4 avril.
Floraison	1 juin.
Maturité	25 août.
Effeuillaison	10 novembre.

Observations. — Le Moscovitza est un cépage de Grèce qui est fertile et très peu coulard. La taille en gobelet semble bien lui convenir. Son raisin musqué, très sucré et agréablement parfumé, le classe parmi les meilleures variétés de table.

Mtzvané

—

Synonymes. — Mzwani. Mzoani (d'après M. H. Gœthe).

Description. — *Souche* de vigueur moyenne, à tronc assez fort ; écorce se détachant en lanières larges et irrégulières.

Sarments de longueur moyenne, un peu petits ; mérithalles courts ; ramifications peu nombreuses ; bois épais, contenant une moelle peu abondante ; écorce finement striée, épaisse ; diaphragmes assez larges et concaves ; sarments herbacés de couleur rosée, surtout à la hauteur des nœuds.

Bourgeonnement d'un aspect blanchâtre.

Jeunes feuilles recouvertes d'un tomentum qui persiste assez longtemps, même à la face supérieure.

Feuilles adultes sous-moyennes, presque entières ; sinus pétiolaire à peine fermé ; sinus latéraux supérieurs à

Fragment d'une grappe de Mtzvané.

peine marqués ou nuls, les inférieurs nuls ; lobe supérieur légèrement détaché ou non apparent, les inférieurs nuls ; dents petites, obtuses, arrondies, peu saillantes ; limbe un peu rude au toucher, finement gaufré ; face supérieure vert pâle avec quelques poils floconneux disséminés sur les nervures principales ; face inférieure blanchâtre et tomenteuse ; pétiole un peu court et rosé, surtout vers la base ; limbe de la feuille formant avec le pétiole un angle droit ou obtus.

Grappe de grandeur moyenne, cylindro-conique, moyennement dense, assez régulière ; pédoncule grêle et court ; pédicelles petits ; pinceau court et incolore.

Grains moyens, sphériques ; ombilic central ; peau

assez mince, blanc violacé à la maturité ; pruine peu abondante ; chair juteuse et sucrée ; saveur agréable.

Analyse du moût

Densité Beaumé à 15°	10,5
Sucre par litre	180 gr.
Acidité (en SO^4H^2) par litre	3,42
Poids maximum d'un raisin	0^k,240

Graines au nombre de 1 à 3 généralement.
Maturité de première époque.

Epoques de végétation

Débourrement	26 mars.
Floraison	24 mai.
Maturité	31 août.
Effeuillaison	17 novembre.

Observations. — Le Mtzvané est originaire de la Turquie d'Asie. Il est assez vigoureux, productif, non coulard, et se comporte bien de la taille en gobelet. Son raisin est sucré et agréable à manger. Cette variété nous paraît identique à celle qui est décrite par M. H. Gœthe (1) sous le nom de Mzwani ou Mzoani.

Muscat blanc de Grèce

—

Description. — *Souche* de bonne vigueur, à tronc assez fort ; écorce se détachant en petites plaques épaisses.

Sarments longs, un peu coudés aux nœuds, de grosseur moyenne ; mérithalles longs ; ramifications peu nom-

(1) Hermann Gœthe, *loc. cit.*, p. 102.

breuses ou nulles ; bois peu épais, moelle abondante ; écorce assez finement striée ; diaphragmes assez épais et concaves ; sarments herbacés verdâtres, lavés de rose au sommet des stries.

Bourgeonnement d'un aspect vert doré.

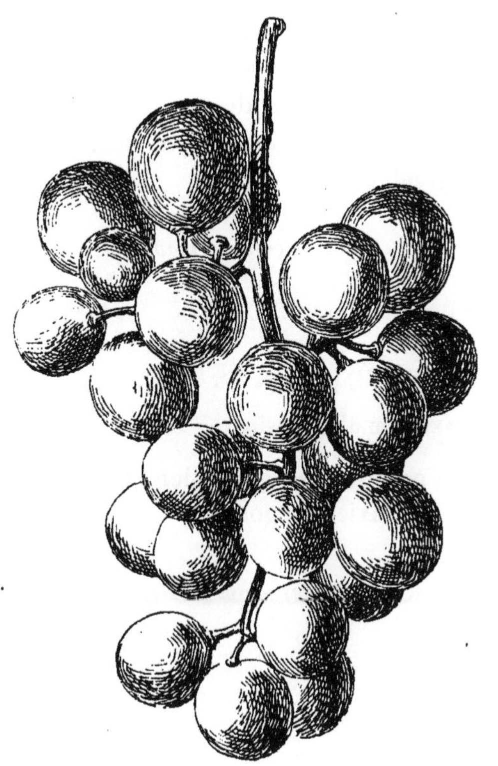

Fragment d'une grappe de Muscat blanc de Grèce.

Jeunes feuilles à peine tomenteuses, dorées et luisantes à la face supérieure, vert terne, avec quelques poils disséminés sur les nervures de la face inférieure.

Feuilles adultes de dimensions moyennes, quinquelobées ; sinus pétiolaire en V peu ouvert ou légèrement fermé ; sinus latéraux supérieurs profonds, les inférieurs assez profonds ; lobe supérieur bien détaché ; les latéraux moins marqués ; dents en deux séries aiguës et bien saillantes ; limbe de consistance grasse, sensiblement plat, légèrement gaufré ; face supérieure vert foncé et glabre ; face inférieure vert tendre avec quelques rares poils aranéeux sur les nervures et les sous-nervures ; pétiole assez long, légèrement rosé, un peu renflé à la base.

Grappe moyenne, cylindrique, très dense et régulière ; pédoncule un peu court et lignifié à la base ; pédicelles courts et forts ; pinceau assez développé.

Grains de grosseur moyenne, sphériques et assez fermes ; ombilic central ; peau fine devenant, à la maturité, d'un beau jaune doré ; chair fondante et sucrée ; saveur musquée, très agréable.

Analyse du moût

Densité Beaumé à 15°	13
Sucre par litre	234 gr.
Acidité (en So^4H^2) par litre.	5,03
Poids maximum d'un raisin	0^k,170

Graines au nombre de 2 généralement.
Maturité de deuxième époque.

Epoques de végétation

Débourrement.	2 avril.
Floraison	3 juin.
Maturité.	20 août.
Efleuillaison	11 novembre.

Observations. — Nous avons reçu ce cépage sous le nom de Muscat blanc : nous l'avons dénommé Muscat blanc de Grèce afin de ne pas le confondre avec le Muscat de Frontignan auquel il ressemble beaucoup mais dont il diffère par son feuillage plus découpé.

C'est une variété fertile et non coularde. Son fruit musqué, très agréablement parfumé, le rend propre à figurer parmi nos meilleurs raisins de table.

Renard

—

Description. — *Souche* vigoureuse à tronc fort ; écorce se détachant en lanières longues et assez larges.

Sarments longs, sensiblement droits et gros ; mérithalles

Fragment d'une grappe de Renard.

courts ; ramifications peu nombreuses ; bois peu épais, moelle assez abondante ; écorce irrégulièrement striée ; diaphragmes peu épais et concaves ; sarments herbacés très envinés, surtout du côté de la lumière.

Bourgeonnement d'un aspect duveteux.

Jeunes feuilles très découpées et blanchâtres sur les deux faces, devenant assez rapidement luisantes à la face supérieure.

Feuilles adultes de dimensions moyennes, trilobées quelquefois, mais rarement quinquelobées ; sinus pétiolaire en U bien ouvert ; sinus latéraux supérieurs bien marqués ; sinus latéraux inférieurs moins profonds ou nuls ; lobe supérieur bien détaché, les inférieurs à peine indiqués ; dents aiguës et proéminentes ; limbe mince, de consistance grasse ; face supérieure vert foncé et glabre ; face inférieure vert blanchâtre avec de nombreux poils aranéeux ; pétiole de longueur moyenne, renflé à la base et rosé à la partie supérieure ; limbe formant avec le pétiole un angle droit.

Grappe longue, cylindro-conique, assez dense et régulière ; pédoncule assez long, non lignifié ; pédicelles d'un développement moyen, assez long ; pinceau court.

Grains moyens, sphériques, assez fermes ; ombilic central ; peau moyennement fine, jaune doré à la maturité ; chair sucrée, un peu croquante, légèrement musquée, avec un arrière-goût un peu acerbe.

Analyse du moût

Densité Beaumé à 15°	12,7
Sucre par litre	228 gr.
Acidité (en SO^4H^2) par litre.	5,14
Poids maximum d'un raisin	0^k,371

Graines au nombre de 1 à 2 généralement.
Maturité de deuxième époque.

Epoques de végétation.

Débourrement.	2 avril.
Floraison	1 juin.
Maturité.	3 septembre.
Effeuillaison	16 novembre.

Observations. — Le Renard est un cépage fertile, mais son raisin possède un arrière-goût un peu acerbe. Cet inconvénient l'empêchera certainement de se propager dans la culture.

Rhatzitelo

—

Synonyme. — Rkatzitelli (d'après Scharrer).

Description. — *Souche* de vigueur moyenne, à tronc fort ; écorce se détachant en lanières larges et assez longues.

Sarments petits, de longueur moyenne, presque droits ;

Fragment d'une grappe de Rhatzitelo.

mérithalles moyens ; bois assez épais, contenant très peu de moelle ; écorce bien striée ; sarments herbacés de couleur rosée, surtout à hauteur des nœuds.

Bourgeonnement d'un aspect blanc roussâtre.

Jeunes feuilles tomenteuses ; face supérieure devenant rapidement roussâtre ; face inférieure restant tomenteuse.

Feuilles adultes petites, quinquelobées, presque entières ; sinus pétiolaire en V peu ouvert ou fermé ; sinus latéraux supérieurs peu marqués; sinus latéraux inférieurs à peine indiqués; lobe supérieur peu détaché, lobes latéraux nuls; dents aiguës, un peu arrondies, assez saillantes; limbe à bords un peu relevés; consistance un peu parcheminée; face supérieure d'un vert peu foncé; face inférieure présentant des poils floconneux sur les nervures et les sous-nervures; pétiole grêle et un peu court, rosé, renflé à la base; limbe formant avec le pétiole un angle obtus.

Grappe petite, ramassée, peu dense, assez régulière; pédoncule grêle, non lignifié; pédicelles courts; pinceau petit.

Grains sous-moyens presque sphériques ou légèrement elliptiques; ombilic central; peau assez épaisse, jaune dorée à la maturité; chair fondante et sucrée; saveur assez agréable mais pas très franche.

Analyse du moût

Densité Beaumé à 15°	11,1
Sucre par litre	194 gr.
Acidité (en SO^4H^2) par litre.	5,89

Graines au nombre de 1 à 2 généralement.

Maturité de deuxième époque.

Epoques de végétation

Débourrement.	1 avril.
Floraison	24 mai.
Maturité.	31 août.
Effeuillaison	17 novembre.

Observations. — Le Rhatzitelo possède une souche plus robuste et plus vigoureuse que le Mtzvané avec lequel il rivalise pour la production du vin dans le Caucase. Il passe, dans cette région, pour un cépage productif et donnant des vins de qualité. Dans les collections de l'École d'agriculture de Montpellier, soumis à la taille en gobelet, il est peu fertile et son fruit possède une saveur qui n'est pas toujours très franche.

Sabatès

Description. — *Souche* de très bonne vigueur, à tronc fort ; écorce se détachant en lanières très longues et étroites.

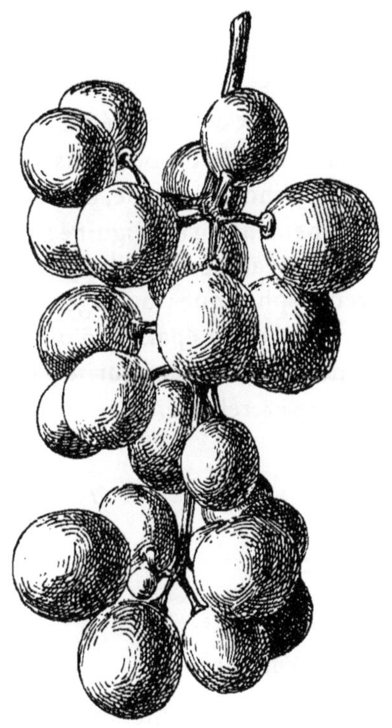

Fragment d'une grappe de Sabatès.

Sarments gros, très longs ; mérithalles moyens ; ramifications assez nombreuses, surtout vers la base ; bois épais, moelle peu abondante ; écorce assez épaisse, irrégulièrement striée ; diaphragmes épais et concaves ; sarments herbacés verdâtres, un peu teintés de rose sur quelques rares points.

Bourgeonnement d'un aspect blanc grisâtre.

Jeunes feuilles légèrement tomenteuses et roussâtres à la partie supérieure, grisâtres et moins duveteuses à la face inférieure.

Feuilles adultes de dimensions moyennes, entières, trilobées ou quinquelobées ; sinus pétiolaire moyennement ouvert, sinus latéraux supérieurs très marqués, les inférieurs peu profonds ; lobe supérieur bien détaché, les inférieurs moins apparents ; dents en deux séries aiguës et saillantes ; limbe vaguement plié en gouttière, de consistance mince et parcheminée ; face supérieure vert foncé et glabre ; face inférieure légèrement blanchâtre, grâce à la présence de quelques poils floconneux ; pétiole un peu grêle, renflé et rosé aux deux extrémités ; limbe formant, avec le pétiole, un angle droit ou obtus.

Grappe longue, cylindro-conique, un peu lâche, régulière ; pédoncule moyennement fort et lignifié ; pédicelles un peu courts et grêles ; pinceau peu développé et incolore.

Grains moyens, sphériques ou légèrement elliptiques ; ombilic central ; peau assez épaisse, d'un blanc allant vers le jaunâtre au moment de la maturité ; chair juteuse, sucrée ; saveur pas assez relevée.

Analyse du moût

Densité Beaumé à 15°	9,9
Sucre par litre	167 gr.
Acidité (en So^4H^2) par litre.	4,59
Poids maximum d'un raisin	0^k,980

Graines au nombre de 2 généralement.

Maturité de troisième époque.

Epoques de maturité.

Débourrement.	7 avril.
Floraison	6 juin.

Maturité. . . . . 8 septembre.
Effeuillaison . . . . 25 novembre.

Observations. — Le Sabatès est originaire de la Grèce. Il est vigoureux, fertile, mais il coule assez facilement et le goût de son fruit n'est pas assez relevé.

Scopelitico

—

Description. — *Souche* de vigueur moyenne, à tronc moyen ; écorce se détachant en lanières longues et irrégulières.

Fragment d'une grappe de Scopeletico.

Sarments longs, de grosseur moyenne ; mérithalles courts ; ramifications peu nombreuses ; bois assez épais, moelle peu abondante ; écorce bien striée ; diaphragmes peu épais et concaves ; sarments herbacés, rosés surtout au sommet des côtes.

Bourgeonnement d'un aspect blanchâtre.

Jeunes feuilles tomenteuses sur les deux faces, surtout à la page inférieure.

Feuilles adultes de dimensions moyennes, presque entières, trilobées et quelquefois légèrement quinquelobées ; sinus pétiolaire en U assez ouvert, fermé quelquefois vers la partie supérieure ; sinus latéraux supérieurs à peine marqués, les inférieurs nuls ou peu profonds ; lobe supérieur légèrement détaché ; lobes inférieurs nuls ; dents aiguës, peu saillantes ; limbe assez épais, un peu tourmenté ; face supérieure glabre et vert foncé ; face inférieure blanchâtre et tomenteuse ; pétiole un peu court, cylindrique et toujours sinueux ; limbe formant avec le pétiole un angle sensiblement droit.

Grappe sous-moyenne, cylindro-conique, assez dense et très irrégulière ; pédoncule moyennement long, non lignifié ; pédicelles un peu courts ; pinceau court et incolore.

Grains sous-moyens, sphériques, assez fermes ; ombilic central ; peau assez fine, d'un blanc doré à la maturité ; pruine peu abondante ; chair sucrée juteuse ; saveur assez bonne.

Analyse du moût

Densité Beaumé à 15°	10,8
Sucre par litre	186 gr.
Acidité (en SO^4H^2) par litre	4,31
Poids maximum d'un raisin	0^k,210

Graines au nombre de 2 généralement.

Maturité de quatrième époque.

Epoques de végétation

Débourrement.	8 avril.
Floraison	7 juin.
Maturité.	6 septembre.
Effeuillaison	7 décembre.

Observations. — Le Scopelitico est originaire de la

Grèce, et probablement de l'île de Skopelos dans les Sporades du nord. Quoique très réputé dans son pays d'origine, nous ne pensons pas qu'il ait de l'avenir. Ses fruits, peu nombreux, possèdent un goût tout à fait ordinaire et, de plus, cette variété est très sujette au millerandage.

Viestiza

—

Description. — *Souche* de faible vigueur, à tronc peu développé ; écorce se détachant en lanières longues et étroites.

Sarments courts, un peu petits ; mérithalles de longueur moyenne ; ramifications petites et peu nombreuses ; bois assez abondant et contenant peu de moelle ; écorce bien striée ; diaphragmes concaves, d'épaisseur moyenne ; sarments herbacés, de couleur verdâtre, lavés de rose, avec des côtes plus foncées.

Bourgeonnement d'un aspect vert blanchâtre.

Jeunes feuilles très roussâtres à la face supérieure, tomenteuses et blanchâtres inférieurement.

Feuilles adultes de dimensions moyennes, quinquelobées ou presque entières ; sinus pétiolaire peu ouvert ou fermé ; sinus latéraux supérieurs généralement marqués, les inférieurs nuls ou peu profonds ; lobe supérieur peu détaché, les latéraux nuls ; dents aiguës, allongées, saillantes ; limbe mince et parcheminé, un peu bullé vers la partie centrale ; face supérieure vert foncé et glabre ; face inférieure tomenteuse et blanchâtre ; pétiole un peu court et renflé à la base ; limbe formant avec le pétiole un angle obtus.

Grappe courte, cylindrique, assez dense, régulière ; pédoncule lignifié, assez long ; pédicelles un peu courts ; pinceau assez gros et incolore.

Grains petits, sphériques ; ombilic central ; peau fine, blanc verdâtre, devenant un peu jaune doré vers la maturité ; pruine peu abondante ; chair sucrée ; saveur assez agréable.

Analyse du moût

Densité Beaumé à 15°	13,1
Sucre par litre	236 gr.
Acidité (en So^4H^2) par litre	3,72
Poids maximum d'un raisin	0^k,230

Graines au nombre de 2 généralement.
Maturité de troisième époque.

Epoques de végétation

Débourrement.	4 avril.
Floraison	6 juin.
Maturité.	30 août.
Efleuillaison	28 novembre.

Observations. — Le Viestiza est originaire de la Grèce. Il est d'une vigueur assez faible et son fruit, peu appétissant, possède un grain petit, presque entièrement rempli par des graines relativement volumineuses.

Vigne du chien

—

Description. — *Souche* de bonne vigueur à tronc fort ; écorce se détachant en lanières larges et irrégulières.

Sarments longs, un peu sinueux, de grosseur moyenne ; mérithalles longs ; ramifications assez nombreuses ; bois peu épais contenant une moelle abondante ; écorce fine et bien striée ; diaphragmes peu épais et sensiblement plats ; sarments herbacés d'un rose vineux sombre.

Bourgeonnement d'un aspect duveteux.

Jeunes feuilles très blanchâtres et tomenteuses sur les deux faces ; face supérieure s'éclaircissant vite.

Feuilles adultes de dimensions moyennes, très nettement quinquelobées ; sinus pétiolaire profond, ouvert mais fermé vers la partie la plus extérieure du limbe comme

Fragment d'une grappe de Vigne du chien.

tous les autres sinus de la feuille ; dents aiguës, assez saillantes ; limbe un peu parcheminé, légèrement gaufré ; face supérieure vert sombre ; face inférieure très tomenteuse et blanchâtre ; pétiole assez long, renflé et contourné à la base ; limbe formant avec le pétiole un angle droit.

Grappe moyenne, presque cylindrique, lâche, assez régulière ; pédoncule moyennement long et assez gros ; pédicelles courts.

Grains sous-moyens, sphériques, assez fermes ; ombilic central ; peau assez épaisse, d'un blanc jaunâtre à la maturité ; chair ferme, juteuse, assez sucrée ; saveur légèrement acerbe.

Analyse du moût

Densité Beaumé à 15°	9,9
Sucre par litre	167 gr.
Acidité (en So^4H^2) par litre	4,92
Poids maximum d'un raisin	0^k,140

Graines au nombre de 1 à 2 généralement.
Maturité de troisième époque.

Epoques de végétation

Débourrement.	5 avril.
Floraison	3 juin.
Maturité.	29 août.
Effeuillaison	30 novembre.

Observations. — La vigne du chien est originaire de la Grèce. C'est un cépage peu fertile, coulard,et dont le fruit possède un goût légèrement acerbe.

Raisins Roses

CHAPITRE V

CÉPAGES A GRAINS GROS ET ALLONGÉS

Dronkani

Synonymes. — Dronkane. Dronkané.

Description. — *Souche* de vigueur moyenne à tronc fort; écorce se détachant en lanières irrégulières et assez larges.

Sarments de longueur moyenne, presque droits, assez gros ; mérithalles courts ; ramifications peu nombreuses ; bois très peu épais, contenant une moelle extrêmement abondante ; écorce à côtes assez accusées ; diaphragmes assez épais et concaves ; sarments herbacés très rosés.

Bourgeonnement d'un aspect roussâtre.

Jeunes feuilles très roussâtres, un peu tomenteuses, s'éclaircissant vite sur les deux faces.

Feuilles adultes de dimensions moyennes, nettement quinquelobées ; sinus pétiolaire en U bien ouvert ; sinus latéraux supérieurs assez profonds, les inférieurs bien marqués ; lobe supérieur très détaché, les latéraux bien apparents ; dents aiguës bien saillantes ; limbe vaguement plié en gouttière, de consistance mince et parcheminée ; face supérieure vert tendre et glabre ; face inférieure vert pâle avec quelques poils floconneux disséminés sur les nervures et les sous-nervures ; pétiole un peu grêle, très rosé, renflé et contourné à la base, formant avec le limbe un angle droit un peu obtus.

Grappe grosse, cylindro-conique, lâche, régulière ; pédoncule long et grêle ; pédicelles longs et bifurqués ; bourrelet peu développé.

Grains gros, olivoïdes, parfois un peu incurvés, fermes ;

Fragment d'une grappe de Dronkani (1).

ombilic central ; peau assez épaisse, blanc verdâtre et passant, vers la maturité, au rouge peu foncé ; pruine peu abondante ; chair croquante, peu juteuse ; saveur sucrée assez agréable.

Analyse du moût

Densité Beaumé à 15°	8,4
Sucre par litre.	135 gr.
Acidité (en So^4H^2) par litre.	4,38
Poids maximum d'un raisin	0^k,290

(1) Le dessin représentant le Dronkani n'est pas absolument exact. Les grains sont en réalité moins régulièrement ellipsoïdes, et plus ovoïdes. Ils sont souvent un peu incurvés et tronqués vers le point pistillaire.

Ne contient pas de *graines* ou, quand il en existe, elles sont très petites.

Maturité de troisième époque.

Epoques de végétation

Débourrement.	6 avril.
Floraison	5 juin.
Maturité	14 septembre.
Effeuillaison	2 décembre.

Observations. — Le Dronkani nous vient d'Égypte où il est assez répandu. On le rencontre aussi dans la Turquie d'Asie. M. Rousseau, horticulteur au Caire, à qui l'on doit l'introduction de ce cépage, écrivait il y a quelques années à MM. Mas et Pulliat (1), en s'exprimant ainsi : « La vigne Dronkane est l'une des plus estimées et des plus cultivées en Egypte parmi celles que l'on plante pour l'usage de la table. On peut conserver son raisin sur souche pendant longtemps, en ayant soin de le renfermer dans des sacs de crin ou de papier pour le soustraire à la voracité des oiseaux et des mouches qui en sont très friands. De toutes nos vignes égyptiennes, c'est une des plus vigoureuses, ce qui n'exclut pas sa fertilité si l'on a soin d'appliquer à cette variété une taille convenable. »

Culture. — Ce cépage demande une taille à grand développement. Conduit en gobelet, son rendement est assez réduit. Il lui faut des lieux secs et bien aérés pour éviter les attaques de l'anthracnose auquel il est assez sujet. Placé dans ces conditions, il donne une magnifique grappe, agréable à manger, dont les grains allongés sont d'un beau rouge clair.

(1) Mas et Pulliat, loc. cit., tome III, p. 71.

Henab

—

Synonyme. — Haneb Turki.

Description. — *Souche* très vigoureuse à tronc très fort ; écorce se détachant en lanières larges et irrégulières.

Fragment d'une grappe de Henab.

Sarments longs, presque droits, d'une grosseur moyenne ; mérithalles un peu courts ; ramifications peu nombreuses mais assez longues ; bois moyennement épais, moelle assez abondante ; écorce épaisse à stries grossières ; diaphragmes moyennement épais et très légèrement concaves ; sarments herbacés de couleur verdâtre, avec des bandes longitudinales d'un rouge foncé, marquant les côtes principales.

Bourgeonnement roussâtre, presque glabre.

Jeunes feuilles à dents bien saillantes ; face supérieure roussâtre et luisante ; face inférieure plus terne, presque glabre, avec quelques très rares poils aranéeux sur les nervures.

Feuilles adultes de dimensions moyennes, quinquelobées ; sinus pétiolaire en V très peu ouvert ; sinus latéraux supérieurs profonds, les inférieurs moins marqués ; lobe supérieur bien détaché ; les latéraux moins apparents ; dents en deux séries, peu apparentes, très obtuses limbe épais et gras au toucher, légèrement bullé au centre ; face supérieure vert un peu terne et glabre ; face inférieure d'un vert moins foncé, glabre, avec des bouquets de petits poils au point de séparation des nervures principales et secondaires ; pétiole de longueur moyenne, un peu grêle, renflé aux deux extrémités mais surtout à la base.

Grappe longue, ramifiée, cylindro-conique, très lâche et possédant des grains de grosseur assez régulière ; pédoncule long, rosé, non ligneux ; pédicelles assez longs, un peu grêles.

Grains gros, un peu elliptiques ; ombilic central ; peau assez mince et rosée ; chair croquante ; jus incolore sucré ; saveur assez agréable.

Graines au nombre de 2 généralement.

Maturité de quatrième époque.

Époques de végétation

Débourrement.	8 avril.
Floraison	13 juin.
Maturité.	27 septembre.
Effeuillaison	5 décembre.

Observations. — Le mot Henab, qui veut dire raisin, s'applique à plusieurs variétés différentes. Nous avons rencontré, dans plusieurs collections, des cépages portant ce nom et présentant des caractères tout à fait opposés à celui que nous décrivons.

L'Henab, qui est originaire de la Turquie, est vigoureux : il donne des grappes très volumineuses, du plus bel aspect et rarement millerandées. Il suffirait de le sélectionner pour faire disparaître cet inconvénient. Son fruit, sans être d'un très bon goût, est agréable à manger et ses grains pourraient être utilisés avantageusement pour les conserves.

Piment

Description. — *Souche* vigoureuse à tronc très fort ; écorce se détachant en lanières assez larges et très longues.

Sarments très longs, droits, d'une grosseur moyenne ; mérithalles un peu courts ; ramifications petites mais nombreuses ; bois épais, moelle peu abondante ; diaphragmes épais et très concaves ; sarments herbacés de couleur verdâtre avec des bandes vineuses longitudinales séparées par des bandes plus claires.

Bourgeonnement d'un aspect roussâtre.

Jeunes feuilles très découpées, glabres sur les deux faces ; vernissées, très roussâtres, à la page supérieure ; face inférieure plus terne.

Feuilles adultes de dimensions moyennes, quinquelobées ; sinus pétiolaire en V peu ouvert ou presque fermé ; sinus latéraux supérieurs très profonds, les inférieurs bien marqués ; lobe supérieur bien détaché, les latéraux moins apparents ; dents en deux séries, petites, aiguës, peu saillantes ; limbe un peu bullé vers le centre, mince, de consistance parcheminée ; face supérieure glabre et vert foncé ; face inférieure vert terne et glabre ; pétiole fort, rosé aux deux extrémités, renflé à la base, formant avec le limbe un angle sensiblement droit.

Grappe très longue, cylindrique, un peu ailée, lâche et assez régulière ; pédoncule très long, non lignifié ; pédicelles longs et assez forts ; bourrelet bien développé.

Fragment d'une grappe de Piment.

Grains très gros, elliptiques, un peu tronqués du côté du point pistillaire ; ombilic central ; peau assez épaisse et rose à la maturité ; chair filandreuse ; jus incolore ; saveur fade, non relevée.

Graines au nombre de 3 ou 4 généralement.

Maturité de quatrième époque.

Epoques de végétation

Débourrement	8 avril.
Floraison	14 juin.
Maturité	6 octobre.
Effeuillaison	1 décembre.

Observations. — Le Piment est originaire de la Grèce.

C'est un cépage vigoureux, assez fertile et peu coulard. Ses grains très beaux ont, malheureusement, une saveur fade et pas assez relevée. Ils ne pourraient être utilisés que pour les conserves. Sa grappe volumineuse est des plus ornementales.

Karystino

Description. — *Souche* vigoureuse à tronc très fort; écorce se détachant en longues lanières très étroites.

Fragment d'une grappe de Karystino.

Sarments longs, à peu près droits, d'une grosseur moyenne; mérithalles un peu courts ; ramifications peu nombreuses ; bois peu épais avec une moelle extrêmement abondante ; écorce mince et finement striée ; diaphragmes assez épais et concaves ; sarments herbacés de couleur jaune verdâtre avec des taches vineuses à hauteur des nœuds.

Bourgeonnement jaune doré.

Jeunes feuilles roussâtres et luisantes supérieurement ; face inférieure plus pâle, présentant quelques poils.

Feuilles adultes sous-moyennes, très nettement quinquelobées ; sinus pétiolaire en U ouvert, quelquefois presque fermé ; sinus latéraux supérieurs profonds, les latéraux bien marqués ; lobe supérieur nettement détaché ; les latéraux moins apparents ; dents en deux séries, obtuses, peu saillantes ; limbe mince et parcheminé, un peu tourmenté, légèrement gaufré ; face supérieure glabre et vert peu foncé ; face inférieure glabre et vert tendre ; nervures rosées à leur point de séparation du pétiole ; pétiole de grosseur moyenne, renflé à la base et rosé, formant avec le limbe un angle très ouvert.

Grappe grande, cylindro-conique, d'une densité moyenne assez régulière ; pédoncule assez long, moyennement fort et légèrement lignifié à son point d'insertion vers le sarment ; pédicelles grêles et assez longs ; bourrelet peu développé ; pinceau assez long et un peu rosé.

Grains de grosseur moyenne, un peu ellipsoïdes ; ombilic central ; peau épaisse verdâtre et devenant d'un rose foncé quelques jours seulement avant la maturité ; pruine peu abondante ; chair croquante un peu filandreuse ; jus incolore, saveur un peu fade, non relevée.

Graines au nombre de 1 à 2 généralement.

Maturité de quatrième époque.

Epoques de végétation

Débourrement.	10 avril.
Floraison	8 juin.
Maturité	11 octobre.
Effeuillaison	30 novembre.

Observations. — Le Karystino est un cépage grec possédant une très grande vigueur. Sa grappe est volumineuse, mais comme elle est souvent millerandée, elle prend un aspect rameux qui nuit à ses qualités ornementales. La saveur du fruit est comparable à celle du précédent. Son nom a probablement pour origine celui de la ville de Karystos, située au sud de l'Eubée en Grèce.

Korinthi à gros grains

Description. — *Souche* de bonne vigueur à tronc fort; écorce se détachant en lanières courtes et assez larges.

Sarments très longs, sensiblement droits et gros ; mérithalles moyens ou courts avec deux sillons opposés, profonds ; ramifications nombreuses et fortes ; bois peu épais, moelle extrêmement abondante ; écorce épaisse ; diaphragmes très petits, presque nuls sur un des côtés du sarment ; sarments herbacés présentant de larges taches rouges vineuses irrégulières et reposant sur un fond verdâtre.

Bourgeonnement d'un aspect jaune doré.

Jeunes feuilles luisantes, roussâtres à la face supérieure assez tomenteuses à la page inférieure.

Feuilles adultes très grandes, quinquelobées ou presque entières ; sinus pétiolaire fermé ou peu ouvert ; sinus latéraux supérieurs profonds, les inférieurs moins marqués ; lobe supérieur peu détaché ; les latéraux indiqués par des dents plus longues ; dents aiguës, arrondies au sommet, assez saillantes ; limbe un peu tourmenté, d'une consistance épaisse et parcheminée ; face supérieure vert peu foncé et glabre ; face inférieure terne avec poils floconneux sur les sous-nervures ; nervures rosées au point de départ du pétiole ; pétiole fort, rosé, renflé aux deux extrémités, formant avec le limbe un angle très obtus.

Grappe très longue et très grosse, cylindro-conique, assez dense, d'une grosseur presque régulière; pédoncule très long et ramifié; pédicelles courts, un peu faibles; bourrelet peu saillant; pinceau peu développé et incolore.

Fragment d'une grappe de Korinthi à gros grains.

Grains gros, elliptiques; ombilic central; chair filandreuse; jus incolore assez sucré; saveur pas assez relevée, fade.

Poids maximum d'un raisin $1^k,570$.

Graines au nombre de 2 ou 3 généralement.
Maturité de quatrième époque.

Epoques de vegetation

Débourrement.	10 avril.
Floraison	10 juin.

Maturité. . . . . 10 octobre.
Effeuillaison . . . . 25 novembre.

Observations. — Nous avons reçu ce cépage de la Grèce sous le nom de Korinthi qui veut dire Corinthe. Pour éviter toute confusion avec ce dernier, nous l'avons dénommé Korinthi à gros grains. C'est une variété vigoureuse, fertile, non coularde, donnant de magnifiques et volumineuses grappes qui sont très ornementales. Le fruit, qui peut être utilisé pour les conserves, ne saurait être consommé directement à cause de sa saveur trop fade.

Mavron

Description. — *Souche* très vigoureuse à tronc fort ; écorce se détachant en lanières larges et courtes.

Sarments très longs, droits ou peu sinueux, d'une grosseur un peu faible ; mérithalles longs ; ramifications nulles ou peu nombreuses ; bois peu épais contenant une moelle abondante ; écorce assez épaisse, présentant plusieurs surfaces planes, ce qui fait paraître le sarment polyédrique ; diaphragmes assez épais et très concaves ; sarments herbacés rosés avec des bandes longitudinales plus claires indiquant le sommet des stries.

Bourgeonnement d'un aspect roussâtre.

Jeunes feuilles roussâtres, brillantes, glabres à la face supérieure, vert pâle et légèrement rougeâtres à la face inférieure.

Feuilles adultes grandes, entières, pentagonales ou à peine trilobées ; sinus pétiolaire fermé, quelquefois un peu ouvert ; sinus latéraux supérieurs peu marqués, les inférieurs nuls ; lobe supérieur souvent non détaché ; les latéraux nuls ; dents en deux séries aiguës et saillantes ; limbe épais, de consistance parcheminée, plan au centre, à bords un peu relevés ; face supérieure vert sombre et glabre ; face inférieure blanchâtre, grâce à la présence de poils aranéeux sur les nervures et les sous-nervures ; nervures rosées au point où elles se séparent du

Fragment d'une grappe de Mavron.

pétiole ; pétiole long, assez fort, rouge vineux, renflé à la base, et formant avec le limbe un angle droit ou obtus.

Grappe longue, cylindro-conique, un peu lâche et régulière ; pédoncule très fort, rosé, non lignifié ; pédicelles assez longs mais grêles.

Grains assez gros, un peu elliptiques ; ombilic central ; peau assez épaisse, verdâtre, puis devenant rosée quelques jours seulement avant la maturité ; chair filandreuse ; jus incolore peu sucré ; saveur fade, non relevée.

Analyse du moût

Densité Beaumé à 15°	9
Sucre par litre	148 gr.
Acidité (en So^4H^2) par litre	4,42
Poids maximum d'un raisin	0^k740.

Graines au nombre de 2 généralement.
Maturité de troisième époque.

Epoques de végétation

Débourrement.	6 avril.
Floraison	8 juin.
Maturité.	3 octobre.
Effeuillaison	6 décembre.

Observations. — Le Mavron est originaire de la Grèce. Il est très fertile, même cultivé en souche basse, et donne des grappes magnifiques, jamais millerandées et atteignant un volume considérable. Son grain n'est pas agréable à manger. Hormis le feuillage, qui est peu découpé, ce cépage nous paraît ressembler beaucoup au Staphili-Mavron que M. P. Mouillefert a étudié dans l'île de Chypre (1).

Phraoula

Synonymes. — Fraoula. Raisin fraise.

Description. — *Souche* de vigueur moyenne, à tronc assez fort ; écorce se détachant en lanières étroites, fines, assez longues.

(1) P. Mouillefert. Chypre et ses principales productions en 1892. — *Revue de géographie.*

Sarments longs de grosseur moyenne ; mérithalles moyens ; ramifications assez nombreuses ; bois assez épais contenant une moelle moyennement abondante ; écorce peu épaisse et faiblement striée ; diaphragmes assez épais, presque plats ; sarments herbacés vert jaunâtre, très envinés à hauteur des nœuds et sur un des côtés du sarment.

Fragment d'une grappe de Phraoula.

Bourgeonnement d'un aspect vert roussâtre.

Jeunes feuilles brillantes, roussâtres et glabres à la face supérieure ; face inférieure roussâtre et parsemée de poils blancs.

Feuilles adultes grandes, entières, pentagonales ; sinus pétiolaire en V très peu ouvert, quelquefois fermé ; sinus latéraux supérieurs nuls ou à peine marqués, quelquefois ils n'existent que d'un seul côté ; sinus latéraux inférieurs nuls ; lobe supérieur marqué par une dent plus longue, les latéraux nuls ; dents en deux séries , obtuses et peu saillantes ; limbe épais et tourmenté ; face supérieure vert foncé et glabre ; face inférieure vert pâle avec poils floconneux disséminés sur les nervures et sous-nervures ; nervures envinées à leur point de séparation ; pétiole un peu court, renflé aux deux extrémités, toujours enviné, formant avec le limbe un angle obtus.

Grappe longue, cylindro-conique, assez dense, un peu irrégulière ; pédoncule assez long, de grosseur un peu faible; pédicelles un peu grêles ; bourrelet peu saillant ; pinceau petit et incolore.

Grains gros, ovoïdes ; ombilic central ; peau assez épaisse et d'un beau rose à la maturité ; chair filandreuse ; jus incolore assez sucré ; saveur agréable mais un peu fade.

Graines au nombre de 2 à 3 généralement.

Maturité de troisième époque.

Epoques de végétation

Débourrement.	8 avril.
Floraison	10 juin.
Maturité.	22 septembre.
Effeuillaison	1 décembre.

Observations. — Le Phraoula figure au jardin botanique d'Athènes sous le nom de Fraoula ou Raisin fraise. Il est vigoureux, assez fertile, et ne se millerande pas. Sa grappe est volumineuse, très ornementale, mais ses fruits ont un goût qui n'est pas assez relevé.

Sabalkanskoï

—

Synonymes. — Appelé improprement Raisin des Balkans (d'après le comte Odart). Zabalkanski, Sabalkanskoï de Crimée, Borgia en Algérie (d'après MM. Mas et Pulliat). Zebalkanski (d'après M. P. Mouillefert). Raisin de Gandja (d'après M. E. Salomon).

Description. — *Souche* très vigoureuse, à tronc fort ; écorce se détachant en lanières larges.

Fragment d'une grappe de Sabalkanskoï.

Sarments très longs, assez gros, un peu coudés aux nœuds ; mérithalles de longueur moyenne ; ramifications peu nombreuses ; bois peu épais ; moelle abondante ; écorce assez grossière ; diaphragmes épais, un peu concaves ; sarments herbacés verdâtres avec des bandes longitudinales d'une teinte vineuse tendre.

Bourgeonnement d'un vert peu foncé, glabre ou à peu près glabre.

Jeunes feuilles glabres sur les deux faces, très luisantes, vernissées et roussâtres à la partie supérieure ; face inférieure plus terne.

Feuilles adultes grandes, un peu cordiformes ou faiblement trilobées ; sinus pétiolaire ouvert en U, les deux bords du limbe tendent à se rapprocher sans se recouvrir ; sinus latéraux supérieurs assez profonds ; les inférieurs moins apparents ; lobe supérieur peu détaché ; les latéraux nuls ; dents aiguës en deux séries, très apparentes, peu proéminentes : limbe un peu tourmenté, d'une consistance épaisse et parcheminée, vert foncé et glabre à la partie supérieure, vert tendre et glabre à la page inférieure ; pétiole fort, rosé, assez long et renflé à la base ; limbe formant avec le pétiole un angle obtus.

Grappe très grosse, longue, cylindro-conique ; ordinairement ailée, rameuse, lâche, assez régulière ; pédoncule verdâtre, très fort, non lignifié ; pédicelles très longs, assez grêles ; pinceau incolore.

Grains elliptiques, un peu plus renflés d'un côté que de l'autre ; ombilic excentrique ; peau transparente, vert blanchâtre, devenant rosée à la maturité, surtout du côté de la lumière ; pruine peu abondante ; chair très ferme et croquante ; jus incolore ; saveur sucrée, assez agréable.

Graines au nombre de 1 généralement.

Maturité de quatrième époque.

Observations. — Le Sabalkanskoï a été introduit de Crimée en France. Il est supposé originaire de la Tauride dans la Russie méridionale. Suivant MM. Mas et Pulliat (1), le nom sous lequel on connaît ce cépage en France n'est pas le premier qu'il ait porté, car il est trop récent ; « il représente, comme dédicace, le titre honorifique Zabalkaski (vainqueur des Balkans ou plus littéralement au-delà des Balkans), conféré par l'empereur de Russie au général, comte de Diebitsch, qui se signala par le passage des monts Balkans et la prise de Varna, dans la guerre contre les Turcs, en 1828 ».

Cette variété ne se rencontre pas seulement en Russie, mais encore dans plusieurs autres régions de l'Orient. Elle se rapproche des Olivettes, comme l'a fait remarquer M. H.

(1) Mas et Pulliat, *loc. cit.*, tome I, p. 33.

Marès (1), par sa foliaison, la grosseur et la forme des grains et des fruits.

Culture. — Le Sabalkanskoï demande, pour être productif, une taille à grand développement. Conduit en souche basse, il devient sujet à la coulure et son rendement est presque nul. C'est un fait que nous avons pu constater souvent. Il faut lui donner une taille en cordon avec coursons, et le mettre aux expositions les plus chaudes. On peut diminuer le nombre des fruits pour en obtenir de très beaux, et pratiquer l'incision annulaire. Très sujet à l'oïdium, il doit en être protégé par de nombreux soufrages. Les fruits sont magnifiques et font très bien sur une table à dessert. Leur goût est très agréable sans être d'une grande distinction, et les grains conviennent admirablement pour les conserves à l'eau-de-vie.

Schiradzouli

—

Synonyme. — Schiradzouli rose.

Description. — *Souche* de forte vigueur à tronc bien développé ; écorce se détachant en lanières larges et longues.

Sarments longs, presque droits, forts ; mérithalles assez longs ; bois assez épais contenant une moelle moyennement abondante ; diaphragmes minces et concaves ; sarments herbacés de couleur rosée.

Bourgeonnement duveteux, légèrement rosé.

Jeunes feuilles tomenteuses et blanchâtres, surtout à la face inférieure.

Feuilles adultes grandes, quinquelobées ; sinus pétiolaire en V peu ouvert ; sinus latéraux supérieurs profonds et arrondis, les inférieurs bien marqués et arrondis ; lobe supérieur très détaché ; les latéraux détachés ; dents larges et peu saillantes ; limbe épais, peu tourmenté ; face

(1) H. Marès, *loc cit.*, p. 107.

supérieure vert foncé et glabre ; face inférieure légèrement tomenteuse et blanchâtre ; pétiole assez long, renflé aux deux extrémités.

Grappe grosse, longue, ailée, très serrée et régulière ; pédoncule long et lignifié ; pédicelles courts ; bourrelet assez développé.

Fragment d'une grappe de Schiradzouli.

Grains gros, irrégulièrement ellipsoïdes, plus développés d'un côté que de l'autre, un peu tronqués au sommet ; ombilic central ; peau assez épaisse, légèrement rosée à la maturité ; pruine peu abondante ; chair assez juteuse et sucrée ; saveur agréable, mais peu relevée.

Analyse du moût

Densité Beaumé à 15°	10,7
Sucre par litre	183 gr.
Acidité (en So^4H^2) par litre	4,59

Poids maximum d'un raisin . . . . $0^k,350$.

Graines au nombre de 2 généralement.
Maturité de quatrième époque.

Observations. — Nous avons dit précédemment que nous nommerions Opiman le cépage qui était appelé souvent Schiradzouli blanc, en réservant le nom de Schiradzouli à la variété à fruit rose qui en diffère non seulement par la couleur du fruit, mais aussi par l'aspect du feuillage. Ce cépage, que nous avons étudié chez M. A. Tacussel, possède une grappe magnifique mais un peu serrée. Il en résulte que le fruit ne mûrit pas toujours uniformément. Pour obvier à cet inconvénient, il faudrait pratiquer un effeuillage vers la fin de la saison pour bien exposer les grains à la lumière. Enfin, le ciselage produirait de bons effets. Le Schiradzouli doit être conduit sur cordon.

CHAPITRE VI

CÉPAGES A GRAINS GROS ET SPHÉRIQUES

Karapa pigi

Description. — *Souche* faible à tronc peu développé ; écorce se détachant en lanières irrégulières courtes et assez longues.

Fragment d'une grappe de Karapa pigi.

Sarments courts, sensiblement droits, un peu petits ; mérithalles assez longs ; ramifications peu nombreuses ; bois peu épais, moelle très abondante ; écorce assez épaisse et grossièrement striée ; sarments herbacés très envinés et pruinés.

Bourgeonnement d'un aspect général vert tendre, un peu carminé.

Jeunes feuilles un peu tomenteuses et blanchâtres à la partie inférieure, lisses à la page supérieure.

Feuilles adultes de dimensions moyennes, quinquelobées ; sinus pétiolaire très nettement fermé ; sinus latéraux supérieurs profonds, les inférieurs moins profonds ; lobe supérieur bien détaché ; les latéraux moins apparents ; dents en deux séries, obtuses et saillantes ; limbe un peu tourmenté, légèrement gaufré au centre, de consistance un peu parcheminée ; face supérieure vert pâle et glabre ; face inférieure un peu tomenteuse et blanchâtre ; pétiole court, rosé, renflé à la base, légèrement tomenteux, formant avec le limbe un angle obtus peu ouvert.

Grappe de grandeur moyenne, plutôt petite, cylindro-conique, assez dense et peu régulière ; pédicelles courts ; pinceau court et incolore.

Grains de grosseur moyenne, sphériques, assez fermes ; ombilic central ; peau assez épaisse et rosée ; chair un peu croquante ; jus sucré ; saveur agréable.

Analyse du moût

Densité Beaumé à 15°	9,4
Sucre par litre	156 gr.
Acidité (en So^4H^2) par litre	3,50
Poids maximum d'un raisin	0^k,135

Graines au nombre de 2 généralement.

Maturité de troisième époque.

Epoques de végétation

Débourrement.	4 avril.
Floraison	6 juin.
Maturité.	6 septembre.
Efleuillaison	15 novembre.

Observations. — Le Karapa pigi est un cépage de la Turquie. Il est de fertilité moyenne, peu vigoureux, et donne des grappes ornementales. Son fruit, sans être d'un très bon goût, est assez agréable à manger.

Kuristi mici

Description. — *Souche* vigoureuse à tronc gros ; écorce se détachant en lanières étroites et irrégulières.

Fragment d'une grappe de Kuristi mici.

Sarments longs, sensiblement droits, gros ; mérithalles moyens ; ramifications assez abondantes et fortes ; bois dur, peu épais, contenant une moelle très abondante ; écorce assez épaisse, à stries grossières ; diaphragmes minces et concaves ; sarments de couleur jaune verdâtre sur certains points, mais habituellement rosés, avec une teinte plus claire au sommet des côtes.

Bourgeonnement d'un aspect jaune doré.

Jeunes feuilles glabres sur les deux faces ; face supérieure vernissée et bronzée.

Feuilles adultes très grandes, trilobées ; sinus pétiolaire en V ouvert, mais les deux bords du limbe se superposent généralement à la partie supérieure ; sinus latéraux supérieurs assez profonds, les inférieurs nuls ; lobe supérieur peu détaché : les latéraux non apparents ; dents obtuses, très arrondies et peu saillantes ; limbe épais et rude au toucher, un peu tourmenté ; face supérieure vert foncé et glabre ; face inférieure vert terne, grâce à la présence de poils floconneux disséminés sur les nervures et les sous-nervures ; nervures rosées à leur point de départ du pétiole qui est très fort, rosé, un peu court ; limbe formant avec le pétiole un angle obtus.

Grappe très longue, volumineuse, cylindro-conique, un peu lâche, assez régulière ; pédoncule fort, ne se lignifiant pas ; pédicelles grêles assez longs ; pinceau petit et incolore.

Grains très gros, sphériques ou légèrement elliptiques ; ombilic central ; peau épaisse devenant rosée à la maturité ; pruine peu abondante ; chair un peu filandreuse ; saveur pas assez relevée.

Graines au nombre de 3 à 4 généralement.

Maturité de quatrième époque.

Epoques de végétation

Débourrement.	11 avril.
Floraison	12 juin.
Maturité.	23 septembre.
Effeuillaison	5 décembre.

Observations. — Le Kuristi mici, qu'il ne faut pas confondre avec le Curisti blanc dont nous avons parlé précédemment, nous est venu de la Grèce. Il est vigoureux, très fertile, ne se millerande pas et possède une grappe magnifique, des plus ornementales. Le goût de son fruit n'est pas assez relevé.

Roditès

—

Synonymes. — Rhoditi. Rohditi. Roditis. Rhodites.

Description. — *Souche* vigoureuse à tronc fort ; écorce s'enlevant en lanières épaisses et étroites.

Fragment d'une grappe de Roditès.

Sarments très longs, assez droits, d'une grosseur moyenne ; mérithalles plutôt courts que longs ; ramifications petites, se développant surtout vers la base; écorce assez fine, irrégulièrement striée; diaphragmes minces, sensiblement plats de chaque côté; sarments herbacés de couleur verdâtre ou légèrement jaunâtres, lavés par place d'un rouge vineux assez vif.

Bourgeonnement d'un blanc grisâtre.

Jeunes feuilles blanc grisâtre à la face inférieure, et blanchâtres à la partie supérieure qui, au bout de peu de temps, devient vernissée et glabre.

Feuilles adultes grandes, trilobées, rarement quinquelobées; sinus pétiolaire en V peu ouvert, quelquefois fermé à la partie supérieure; sinus latéraux supérieurs assez profonds, les inférieurs nuls ou peu marqués; lobe supérieur très détaché; les latéraux à peine indiqués; dents en deux séries obtuses et arrondies; limbe mince et parcheminé, vert foncé et glabre à la page supérieure; face inférieure plus pâle, glabre, avec de petits poils hérissés argentins sur les nervures principales; pétiole long, renflé et vert à la base, rosé au sommet.

Grappe volumineuse, cylindro-conique, très ramifiée, un peu lâche et assez régulière; pédoncule assez long, un peu ligneux à la base; pédicelles longs et grêles; bourrelet assez proéminent; pinceau blanchâtre et court.

Grains sur-moyens, sphériques ou très légèrement allongés; ombilic central; peau moyennement épaisse, verdâtre, et ne devenant rosée que juste au moment de la maturité; chair sucrée et fondante; jus incolore; saveur très franche et agréable.

Analyse du moût

Densité Beaumé à 15°	10,9
Sucre par litre	188 gr.
Acidité (en So^4H^2) par litre.	5,45
Poids maximum d'un raisin	0^k,560

Graines au nombre de 3 généralement.

Maturité de troisième époque.

Epoques de végétation

Débourrement. . . . . , .	10 avril.
Floraison	8 juin.
Maturité.	24 septembre.
Effeuillaison	11 décembre.

Observations. — Le Roditès, dont le nom veut dire rose, est très répandu en Grèce, où il sert à la fabrication du vin. Le jardin botanique d'Athènes en possède plusieurs variétés qui sont : le Roditès mâle, dont les grains sont rouges et ronds, le Roditès de Patras, qui ressemble beaucoup au précédent, le Roditès femelle, dont les grains sont rouges et oblongs et le Roditès leproraditès qui possède des caractères le rapprochant de ce dernier. Celui que nous décrivons serait intermédiaire entre eux, car le grain, sans être nettement sphérique, n'est pas franchement allongé. C'est, dans tous les cas, un cépage vigoureux, fertile, à grappes volumineuses, très belles, et dont le grain, très agréable à manger, possède une grande distinction. Le Roditès semble bien se comporter de la taille en gobelet.

Sidéritès

Synonyme. — Sidéritis.

Description. — *Souche* vigoureuse à tronc fort ; écorce se détachant en lanières étroites et épaisses.

Sarments longs, un peu sinueux, assez gros ; mérithalles courts, aplatis et présentant, vers l'aoûtement, deux sillons longitudinaux ; ramifications nombreuses mais peu développées ; bois peu épais, contenant une moelle abondante ; écorce fine avec des stries peu apparentes ; diaphragmes moyennement épais et concaves ; sarments herbacés jaune verdâtre, avec des bandes irrégulières longitudinales, courtes, d'un rose vineux tendre.

Bourgeonnement cendré et roussâtre.

Jeunes feuilles à peu près lisses et roussâtres supérieurement, légèrement tomenteuses sur les nervures de la face inférieure.

Fragment d'une grappe de Sideritès.

Feuilles adultes moyennes ou grandes, trilobées, à peine quinquelobées ; sinus pétiolaire généralement fermé ou en V peu ouvert ; sinus latéraux supérieurs profonds, les inférieurs peu marqués ; lobe supérieur bien détaché ; les latéraux à peine visibles ; dents en deux séries, obtuses et arrondies ; limbe épais et parcheminé, vaguement tourmenté, à bords un peu relevés ; face supérieure vert foncé et glabre ; face inférieure vert tendre, avec quelques rares poils raides sur les nervures principales ; pétiole long, grêle, renflé à la base, formant, avec le limbe, un angle assez obtus.

Grappe de longueur moyenne, mais très large et très ailée, assez dense et régulière; pédoncule très fort, non lignifié; pédicelles courts, un peu grêles; pinceau développé et incolore.

Grains assez gros, sphériques ou un peu allongés; ombilic central; peau épaisse, verdâtre, devenant rosée à la maturité; chair assez fondante; jus sucré et incolore; saveur relevée, très agréable.

Analyse du moût

Densité Beaumé à 15°	11,6
Sucre par litre	204 gr.
Acidité (en So^4H^2) par litre	4,50
Poids maximum d'un raisin	0^k,405

Graines au nombre de 2 généralement.
Maturité de troisième époque.

Epoques de végétation

Débourrement.	6 avril.
Floraison	8 juin.
Maturité.	8 octobre.
Effeuillaison	26 novembre.

Observations. — Le Sidéritès, dont le nom signifie fer, figure dans la collection du jardin botanique d'Athènes. C'est un cépage vigoureux et fertile. Son fruit est volumineux et d'un goût très agréablement relevé. Il se trouve bien de la taille en gobelet.

Raisins Noirs

CHAPITRE VII

CÉPAGES A GRAINS GROS ET ALLONGÉS

Malakoff Isjum

Description. — *Souche* de vigueur moyenne ; tronc assez fort ; écorce se détachant en lanières étroites et longues.

Sarments moyennement longs, presque droits, assez gros ; mérithalles courts ; ramifications presque nulles ; bois assez épais, contenant une moelle moyennement abondante ; diaphragmes assez épais et concaves ; sarments herbacés de couleur verdâtre, rarement rosés.

Bourgeonnement d'un aspect légèrement blanchâtre.

Jeunes feuilles à peu près glabres à la partie inférieure, tomenteuses à la face inférieure.

Feuilles adultes assez grandes, franchement trilobées ; sinus pétiolaire en V très ouvert ; sinus latéraux supérieurs profonds, les inférieurs presque nuls ; lobe supérieur nettement détaché ; les latéraux non apparents ; limbe presque plan, de consistance parcheminée ; face supérieure vert foncé et glabre ; face inférieure légèrement blanchâtre ; pétioe assez long, formant, avec le limbe, un angle droit.

Grappe assez grande, un peu cylindrique, dense et régulière ; pédoncule long et non lignifié ; pédicelles courts ; bourrelet peu développé ; pinceau fort et rosé.

Grains gros, elliptiques, quelquefois plus développés

d'un côté que de l'autre; ombilic central; peau épaisse, d'un beau rouge à la maturité; pruine très abondante; chair juteuse un peu croquante, sucrée; saveur relevée, très agréable.

Fragment d'une grappe de Malakoff Isjum.

Analyse du moût

Densité Beaumé à 15°	8
Sucre par litre	127 gr.
Acidité (en So^4H^2) par litre.	4,92
Poids maximum d'un raisin	0^k,470

Graines de 1 à 2 généralement.

Maturité de troisième époque.

Observations. — Le Malakoff Isjum, que nous avons étudié chez M. A. Tacussel, est originaire de la Russie méridionale. Il est productif et fournit des fruits très agréables à l'œil, possédant un goût recherché. Sa grappe se prête bien à l'expédition. Les formes à grand développement sont celles qui lui conviennent le mieux.

Rouge de Palestine

Description. — *Souche* de faible vigueur, à tronc moyen ; écorce se détachant en lanières longues et étroites.

Fragment d'une grappe de Rouge de Palestine.

Sarments assez longs, un peu coudés, de grosseur moyenne ; mérithalles longs ; ramifications peu nombreuses et grêles ; bois peu épais, contenant une moelle très abondante; écorce irrégulièrement striée; diaphragmes épais et concaves; sarments de couleur verdâtre ou rose clair.

Bourgeonnement d'un aspect blanchâtre.

Jeunes feuilles tomenteuses sur les deux faces, mais la face supérieure devient rapidement roussâtre et lisse.

Feuilles adultes grandes, quinquelobées; sinus pétiolaire fermé à la partie supérieure; sinus latéraux supérieurs profonds arrondis et fermés vers les bords du limbe, les inférieurs profonds et arrondis; lobe supérieur très nettement détaché; les inférieurs très apparents; dents aiguës, bien saillantes; limbe coriace et gaufré; face supérieure glabre et vert peu foncé; face inférieure tomenteuse, blanchâtre, avec les nervures envinées; pétiole assez long, un peu aplati, d'un beau rouge intense, renflé à la base; limbe formant avec le pétiole un angle droit ou obtus.

Grappe moyennement longue, cylindrique, très dense et régulière; pédoncule assez long, rosé, non lignifié; pédicelle court; bourrelet bien renflé; pinceau assez fort et rosé.

Grains de grosseur moyenne, très ovoïdes, terminés en pointe; ombilic central; peau moyennement épaisse, d'un noir foncé; pruine assez abondante; chair assez juteuse et sucrée; saveur un peu fade, pas assez relevée.

Analyse du moût

Densité Beaumé à 15°	7,8
Sucre par litre	122 gr.
Acidité (en SO^4H^2) par litre.	5,82
Poids maximum d'un raisin	0^k,250

Graines au nombre de 3 ou 4 généralement.

Maturité de troisième époque.

Epoques de végétation

Débourrement.	6 avril
Maturité.	2 septembre.
Effeuillaison	16 novembre.

Observations. — Ce cépage a été envoyé de Palestine sous le nom de variété rouge. Nous l'avons dénommé rouge de Palestine, mais il ne doit pas être confondu avec la variété à grains très petits, répandue dans les collections sous le nom de Palestine.

Le cépage que nous décrivons n'a pas, en dehors de la forme curieuse de ses grains, beaucoup de mérite. S'il est assez fertile, sa grappe est peu volumineuse et la saveur de son fruit n'est pas suffisamment relevée. Il se comporte bien de la taille en gobelet.

CHAPITRE VIII

CÉPAGES A GRAINS GROS ET SPHÉRIQUES

Angulato

Description. — *Souche* vigoureuse, à tronc très fort; écorce se détachant en lanières grossières, irrégulières, déchiquetées.

Fragment d'une grappe d'Angulato.

Sarments très longs, de grosseur moyenne; mérithalles un peu courts; ramifications nombreuses mais peu développées; bois peu épais, contenant une moelle très abondante ; écorce assez épaisse, à côtes accusées ; diaphragmes épais et concaves ; sarments herbacés, de couleur verdâtre, avec des bandes longitudinales carmin clair.

Bourgeonnement gris roussâtre.

Jeunes feuilles glabres sur les deux faces, luisantes et très roussâtres à la face supérieure.

Feuilles adultes grandes, entières ou trilobées ; sinus pétiolaire en V peu ouvert ; sinus latéraux supérieurs peu profonds, les inférieurs nuls ; lobe supérieur bien détaché ou peu apparent ; les latéraux quelquefois indiqués par une dent plus longue ; dents aiguës ou obtuses, peu saillantes ; limbe mince et parcheminé, un peu plié en gouttière ; face supérieure glabre et vert foncé ; face inférieure glabre, vert tendre, avec quelques poils raides au point de rencontre des nervures avec les sous-nervures ; pétiole moyennement long, renflé et recourbé à la base, rosé au sommet, formant avec le limbe un angle obtus.

Grappe très allongée, cylindro-conique, assez dense, presque régulière ; pédoncule assez fort, lignifié à la base ; bourrelet proéminent ; pinceau moyen et rosé.

Grains gros, sphériques, rarement un peu allongés ; ombilic central ; peau mince, fine, d'un rouge foncé ; pruine peu abondante ; chair juteuse et sucrée ; saveur peu relevée, quelquefois un peu acidulée.

Analyse du moût

Densité Beaumé à 15°	9,2
Sucre par litre	153 gr.
Acidité (en SO^4H^2) par litre.	5,35
Poids maximum d'un raisin	0^k,625

Graines au nombre de 1 généralement.

Maturité de troisième époque.

Epoques de végétation

Débourrement.	6 avril.
Floraison	6 juin.

Maturité. . . . . 22 septembre.
Effeuillaison . . . . 25 novembre.

Observations. — Le catalogue du jardin botanique d'Athènes possède un Angulato mâle à grains ovales et un Angulato femelle à grains sphériques. Cette variété, qui est très estimée en Orient, est vigoureuse, fertile, et donne de superbes fruits dont le goût laisse un peu à désirer. Pour la taille, les formes à petit développement semblent bien lui convenir.

Coristano rouge

—

Description. — *Souche* assez vigoureuse, à tronc moyennement fort ; écorce se détachant en lanières étroites et assez longues.

Sarments longs, à peu près droits, d'une grosseur moyenne ; mérithalles un peu courts ; ramifications peu nombreuses, surtout à la base ; bois peu épais, dur, contenant une moelle très abondante ; écorce fine, peu épaisse, finement striée ; diaphragmes d'épaisseur moyenne, sensiblement plans ; sarments herbacés, un peu pruinés, envinés surtout à la hauteur des nœuds.

Bourgeonnement d'un aspect vert pâle, un peu blanchâtre.

Jeunes feuilles vernissées, avec quelques poils aranéeux à la partie supérieure ; face inférieure très blanchâtre.

Feuilles adultes très grandes, quinquelobées ; sinus pétiolaire en V, très peu ouvert, quelquefois fermé ; sinus latéraux supérieurs profonds, les inférieurs bien marqués ; lobe supérieur nettement détaché ; les latéraux moins apparents ; dents en deux séries, aiguës ou obtuses ; arrondies, assez saillantes ; limbe épais, dur au toucher, légèrement gaufré, à bords un peu relevés ; face supérieure vert foncé et glabre ; face inférieure blanchâtre, grâce à la présence d'un tomentum assez abondant ; pétiole un peu

Fragment d'une grappe de Coristano rouge.

court, fort, renflé à la base et rosé aux extrémités, formant avec le limbe un angle obtus.

Grappe grande, cylindrique, ailée, assez dense et régulière ; pédoncule assez court, non lignifié ; pédicelles moyens, grêles ; pinceau peu développé, incolore.

Grains sur-moyens, sphériques ; ombilic central ; peau moyennement épaisse, de couleur rosée ; pruine peu abondante ; chair assez fondante ; jus sucré et incolore ; saveur assez agréable mais peu relevée.

Analyse du moût

Densité Beaumé à 15°	9,7
Sucre par litre	162 gr.

Acidité (en So^4H^2) par litre.	5,47
Poids maximum d'un raisin	0^k,590

Graines au nombre de 1 à 3 généralement.
Maturité de troisième époque.

Epoques de végétation

Débourrement.	2 avril.
Floraison	6 juin.
Maturité.	21 septembre.
Efleuillaison	13 novembre.

Observations. — Le Coristano rouge nous est venu de la Grèce où il est très réputé. Il est assez vigoureux, fertile, et ne coule pas. Son fruit, de belle dimension, possède malheureusement un goût peu relevé. Cette variété se trouve bien de la taille en gobelet.

Dodrelabi

—

Synonymes. — Gros Colman, France. Sakoudrchala, Madchanaouri, Caucase (d'après MM. Mas et Pulliat.) Eichkugeltraube, Borjuszemü, Hongrie. Volovooko, Volovska oka, Volovjak, Styrie. Occhio di bue nero, Sardaigne. Œil de bœuf noir, France. Charistovali, Caucase. Ochsenauge, Hongrie et Styrie (d'après M. Hermann Gœthe). Rumönya de Transylvanie (d'après M. Salomon).

Description. — *Souche* vigoureuse à tronc assez fort ; écorce se détachant en lanières minces, étroites et longues.

Sarments longs, presque droits, gros ; mérithalles de longueur moyenne ; ramifications petites et peu nombreuses ; bois assez épais, contenant une moelle moyennement abondante ; écorce épaisse, finement striée ; diaphragmes beaucoup plus épais d'un côté que de l'autre; sarments herbacés vert jaunâtres et marqués, sur certains points, de taches d'un rouge brun.

Bourgeonnement assez tomenteux et légèrement teinté de rose.

Fragment d'une grappe de Drodelani.

Jeunes feuilles d'un vert terne à la face supérieure, avec des poils aranéeux disséminés sur la surface ; face inférieure blanchâtre.

Feuilles adultes très grandes et trilobées ; sinus pétiolaire fermé, les bords se superposant ; sinus latéraux supérieurs bien marqués, les inférieurs, nuls ; lobe supérieur bien détaché ; les latéraux indiqués par une dent plus longue ; dents en deux séries, obtuses, assez saillantes ; limbe un peu dur au toucher, relevé sur les bords ; face supérieure glabre et vert terne ; face inférieure blanchâtre et tomenteuse ; pétiole rosé, long, un peu aplati, renflé vers la base, formant avec le limbe un angle obtus très ouvert.

Grappe grosse ou très grosse, ramassée, assez dense ; pédoncule fort, lignifié à la base et se divisant vers le sommet en deux branches, de telle sorte que chaque raisin est, pour ainsi dire, composé de deux grappes accolées ; pédicelles longs et grêles ; bourrelet petit, pinceau légèrement rosé, peu développé.

Grains très gros, sphériques ; ombilic central ; peau assez épaisse, d'un rouge pourpre à la maturité ; pruine assez abondante ; jus sucré ; saveur peu relevée.

Analyse du moût

Densité Beaumé à 15°	7,4
Sucre par litre	114 gr.
Acidité (en So^4H^2) par litre.	5,47
Poids maximum d'un raisin	0^k,470

Graines au nombre de 2 à 3 généralement.
Maturité de troisième époque.

Epoques de végétation

Débourrement.	2 avril.
Floraison	26 mai.
Maturité.	19 septembre.
Effeuillaison	29 novembre.

Observations. — Le Dodrelabi est, paraît-il, très estimé comme raisin de table dans le Caucase. En France, il devient très beau et peut admirablement orner un dessert, mais sa qualité laisse un peu à désirer. Suivant MM. Mas et Pulliat (1), le Gros Colman mentionné dans le catalogue de Moreau-Robert, et que ce dernier a obtenu de semis vers 1850, ne serait autre que le Dodrelabi.

Le Dodrelabi se cultive beaucoup dans les grapperies anglaises, ainsi qu'à Jersey et en Belgique, sous le nom

(1) Mas et Pulliat, *loc. cit.*, tome I, p. 129.

erroné de Gros Colman. « Le gros Colman, dit M. A. F. Barron (1), paraît avoir été envoyé à M. Rivers par M. Leroy d'Angers. En 1861, ou l'année suivante, M. Standish, d'Ascot, en exposa des fruits à la Société d'horticulture de Londres, où ils attirèrent vivement l'attention par leur belle apparence. Mais ce ne fut que plusieurs années après que cette variété devint populaire, après que M. W. Thomson l'eût cultivée sur une grande échelle et chaudement recommandée.

« D'après le Dr Hogg, les noms de Gros Colman et de Gros Colmar ne seraient que des corruptions de Gros Kolner, nom sous lequel cette variété serait connue en Allemagne, et, en définitive, le vrai nom serait Dodrelabi, nom que la vigne porte au Caucase d'où elle est originaire. Le mot Colner, dont il est question ici, ne se rapporte pas du tout à la ville de Cologne (en allemand Coln), mais, d'après M. Horvath, au mot Kohle (charbon), par allusion à la pruine qui couvre les grains ou mieux, peut-être, à leur coloris foncé ».

Culture. — Le Dodrelabi s'accommode bien de toutes les tailles, mais il est bon de restreindre le nombre des coursons afin de maintenir la beauté du fruit. Il craint les endroits humides, car ses grains juteux sont très exposés à la pourriture. Son fruit est très beau, de saveur assez agréable, mais peu relevée.

Le Dodrelabi, très cultivé en serres, avons-nous dit, est un des plus faciles à cultiver artificiellement pour l'obtention de fruits ordinaires. « Mais, pour l'avoir en bonne qualité, il exige beaucoup de temps à mûrir et beaucoup de chaleur, en somme le traitement des vignes Muscat. La grande dimension des grains et le poids des grappes exigent un éclairage sévère. Si on néglige ce soin, ce qui est une erreur de traitement, on s'en aperçoit vite au manque de couleur des grappes (2) ».

A propos de la consommation du Gros Colman (Dodrelabi) M. Anatole Cordonnier, de Bailleul (Nord), qui

(1) A. F. Barron, *loc. cit.*, p. 219.
(2) A. F. Barron, *loc. cit.*, p. 219.

s'occupe avec la plus grande intelligence de la culture de la vigne forcée, a bien voulu nous fournir les notes suivantes, que nous sommes très heureux de publier. Le Gros Colman est devenu tellement populaire en Angleterre, que plus de la moitié des raisins qui sont récoltés et vendus sur le marché anglais provient de cette variété. Quoique sa saveur un peu insipide eût dû en restreindre la production, la grosseur des grains est telle, et, quand il est bien réussi, son aspect est si flatteur que le marché l'a réclamé et en a fait un raisin de grande consommation.

En Belgique, on commence à s'accoutumer au Gros Colman ; lorsqu'il est présenté en petite quantité, pendant l'été, en culture forcée, ou en automne alors qu'il est bien coloré, c'est toujours ce raisin qui obtient le plus grand prix. A partir du 1er décembre jusque fin mars, il règne en maître sur le marché de Bruxelles avec le Black alicante ; on l'obtient par la culture retardée pendant ces mois d'hiver. Le Gros Colman, présenté en hiver, est rarement bien noir, il est plutôt rouge avec une pruine violacée.

En France, on ne s'accoutume pas encore au Gros Colman, et on ne saurait, à un prix raisonnable, c'est-à-dire rémunérateur, en vendre 100 kilogr. par jour sur le marché parisien, alors qu'on en vend de 1000 à 1500 kilogr. sur le marché de Bruxelles. On préfère, en France, le Black alicante qui atteint plus facilement un coloris foncé, mais qui est souvent moins bon.

Le Gros Colman, cultivé en plein air, à Thomery, par exemple, devient très noir et très gros. Mais il est franchement mauvais, tandis que le raisin de serre rougeâtre est infiniment supérieur comme saveur, il est plus sucré et plus juteux. C'est, du reste, un préjugé très enraciné qu'un raisin noir, pour être bon, doit présenter une coloration tout à fait intense. Lorsque le manque de coloration provient d'un excès de récolte sur la vigne, la qualité du raisin est inférieure, mais il arrive fréquemment que le manque de coloration est dû à une autre cause. On a remarqué en Angleterre que le raisin rougeâtre était souvent meilleur que le raisin ayant acquis une coloration intense, et, dans les concours spéciaux de qualité, comme les Anglais en font souvent dans leurs expositions, c'est très souvent un raisin rougeâtre qui obtient le plus de suffrages.

On peut estimer que le Gros Colman est cultivé dans les proportions suivantes :

En France, 5 °/₀ sur 10 à 12 hectares vitrés.
En Belgique, 15 à 18 °/₀ sur 250 « «
En Angleterre, 50 °/₀ sur 100 « «
Jersey et Guernesey, 25 °/₀ sur 150 « «

Le Gros Colman est très sujet à une terrible maladie dont la cause est encore indéterminée : la maladie des pédicelles ou *Shan Knig* des Anglais. Cette maladie se déclare généralement au moment de la coloration. On voit d'abord un point noir sur quelques pédicelles, ce point noir devient tache, s'agrandit, les taches se multiplient, et, en quelques jours, une serre de très belle apparence peut être complètement ravagée. Le pédicelle est desséché et la baie se ride.

Le Gros Colman est de quatrième époque. Commencé avec le soleil, dans une serre munie de tuyaux, il ne mûrit guère avant le mois de novembre, plus souvent en décembre. Plus la végétation a été lente, sans arrêt cependant, et avec une chaleur suffisante, plus le raisin a de qualité. M. Cordonnier attribue au peu de temps que le Gros Colman met à végéter à Thomery (puisqu'il n'a que 5 mois de végétation) le défaut absolu de qualité que l'on constate lorsque ce raisin n'est pas cultivé sous verre, ce qui ne l'empêche pas d'acquérir une coloration intense.

Glycostaphyllo

Description. — *Souche* de bonne vigueur, à tronc moyen ; écorce se détachant en lanières petites, étroites, très dilacérées.

Sarments longs, droits, forts ; mérithalles de longueur moyenne ; ramifications petites et peu nombreuses ; bois épais, contenant une moelle peu abondante ; écorce mince, à stries grossières ; diaphragmes épais et concaves ; sarments herbacés de couleur verdâtre, avec des bandes étroites, longitudinales, d'un rose très vif.

Fragment d'une grappe de Glycostaphyllo.

Bourgeonnement d'un aspect général vert pâle.

Jeunes feuilles glabres sur les deux faces, vernissées supérieurement, et vert tendre à la partie inférieure.

Feuilles adultes grandes, presque entières ou trilobées ; sinus pétiolaire en V peu ouvert, quelquefois fermé au sommet ; sinus latéraux nuls ou peu profonds, les supérieurs nuls ; lobe supérieur assez détaché ; les latéraux indiqués par une dent plus longue ; dents en deux séries, aiguës et peu saillantes ; limbe un peu tourmenté, peu épais et légèrement parcheminé ; face supérieure glabre et vert moyennement foncé; face inférieure blanchâtre et assez tomenteuse ; pétiole long, un peu grêle, très rosé, sauf aux extrémités, formant avec le limbe un angle droit.

Grappe de grandeur moyenne, cylindro-conique, très dense, généralement régulière ; pédoncule de longueur moyenne ; pédicelles courts ; bourrelet très développé ; pinceau peu abondant et blanchâtre.

Grains sur-moyens, cylindriques, fermes ; ombilic central ; peau fine, d'une couleur rouge très foncée ; pruine moyennement abondante ; chair fondante ; jus sucré et incolore ; saveur assez agréable mais peu relevée.

Analyse du moût

Densité Beaumé à 15°	13,1
Sucre par litre	236 gr.
Acidité (en So^4H^2) par litre.	3,28
Poids maximum d'un raisin	0^k,460

Graines au nombre de 2 généralement.
Maturité de troisième époque.

Epoques de végétation

Débourrement.	2 avril.
Floraison	10 juin.
Maturité.	21 septembre.
Effeuillaison	30 novembre.

Observations. — Le Glycostaphyllo est originaire de la Turquie. Il est vigoureux et sujet à la coulure. Par la sélection il serait facile de faire disparaître cet inconvénient, car l'on rencontre dans cette variété des souches très fertiles, que l'on pourrait multiplier avantageusement. C'est un très beau raisin, et la pauvreté relative de son moût en acidité explique son goût sucré, mais peu relevé.

Mauvroudion

Description. — *Souche* vigoureuse, tronc fort ; écorce se détachant en lanières un peu étroites et irrégulières.

Sarments assez longs, sensiblement droits, de grosseur

Fragment d'une grappe de Mauvoudrion.

moyenne ; mérithalles assez longs ; ramifications peu nombreuses ; bois épais, dur, contenant une moelle abondante ; écorce peu épaisse, finement striée ; diaphragmes assez épais et concaves ; sarments herbacés de couleur vert tendre, lavés de rose vineux très vif.

Bourgeonnement vert clair.

Jeunes feuilles luisantes sur les deux faces ; face inférieure plus terne, à cause de la présence de quelques rares poils disséminés sur les nervures.

Feuilles adultes de dimensions moyennes, quinquelobées ; sinus pétiolaire souvent fermé ; sinus latéraux supérieurs assez profonds, les inférieurs moins apparents ; lobe supérieur bien détaché ; les latéraux moins accentués; dents en deux séries, très aiguës et peu saillantes ; limbe de consistance épaisse et coriace, assez tourmenté, légèrement gaufré ; face supérieure vert pâle et glabre ; face inférieure blanchâtre, un peu tomenteuse, surtout sur les nervures ; nervures rosées à leur point de séparation du pétiole ; pétiole long, possédant en dessous des poils raides, rosé supérieurement et un peu renflé à la base, formant avec le limbe un angle obtus bien ouvert.

Grappe grande, ailée, cylindro-conique, dense et assez régulière ; pédoncule fort, pas très long, rosé à la base ; pédicelles petits ; pinceau peu développé, légèrement coloré.

Grains gros, cylindriques, assez tendres ; ombilic central ; peau moyennement épaisse, de couleur rouge foncé, presque noire ; pruine assez abondante ; chair juteuse et sucrée, très agréable.

Analyse du moût

Densité Beaumé à 15°	11
Sucre par litre	192 gr.
Acidité (en So^4H^2) par litre	3,19
Poids maximum d'un raisin	0^k,360

Graines au nombre de 2 généralement.
Maturité de troisième époque.

Epoques de végétation

Débourrement.	4 avril.
Floraison	10 juin.
Maturité.	6 septembre.
Effeuillaison	23 novembre.

Observations. — Le Mauvroudion figure au jardin botanique d'Athènes, sous le nom de Mavrudi. Il est fertile, mais, taillé en gobelet, il se millerande un peu ; les formes à grand développement lui conviendraient mieux. A part ce défaut, que l'on peut corriger par une sélection rigoureuse, le Mauvroudion donne un beau raisin possédant un goût extrêmement agréable. Il est très estimé en Grèce.

CHAPITRE IX

CÉPAGES A GRAINS MOYENS OU PETITS ET SPHÉRIQUES

Aprostaphilo

Description. — *Souche* de vigueur moyenne, à tronc assez fort ; écorce se détachant en lanières étroites et courtes.

Sarments un peu courts, sinueux, de grosseur moyenne ; mérithalles courts ; ramifications peu nombreuses ; bois peu épais, contenant une moelle abondante ; écorce très grossièrement striée ; diaphragmes assez épais et concaves ; sarments herbacés de couleur verdâtre, lavés de rose tendre.

Bourgeonnement d'un aspect blanchâtre.

Jeunes feuilles tomenteuses sur les deux faces, surtout à la face inférieure ; face supérieure s'éclaircissant vite.

Feuilles adultes de dimensions moyennes, entières ou très légèrement trilobées ; sinus pétiolaire en V bien ouvert ; sinus latéraux supérieurs nuls ou peu marqués, les inférieurs non apparents ; lobe supérieur assez détaché ; les latéraux nuls ; dents aiguës et peu saillantes ; limbe un peu bullé vers le centre, mince de consistance parcheminée ; face supérieure vert foncé et glabre ; face inférieure assez tomenteuse et blanchâtre ; pétiole généralement assez court, rosé et renflé à la base, un peu duveteux, formant avec le limbe un angle droit ou obtus.

Grappe longue, cylindro-conique, très lâche et irrégulière ; pédoncule un peu court, gros, non lignifié ; pédicelles grêles, assez longs ; bourrelet peu proéminent ; pinceau peu développé et rosé.

Grains petits, cylindriques, assez fermes ; ombilic central ; peau moyennement épaisse, rouge foncé ; pruine assez abondante ; chair un peu croquante ; saveur assez agréable, avec un arrière-goût légèrement acidulé.

Fragment d'une grappe d'Aprostaphilo.

Analyse du moût

Densité Beaumé à 15°	9,3
Sucre par litre	154 gr.
Acidité (en So^4H^2) par litre.	6,42
Poids maximum d'un raisin	0^k,240

Graines au nombre de 1 à 2 généralement.
Maturité de troisième époque.

Époques de végétation

Débourrement.	10 avril.
Floraison	14 juin.

Maturité. . . . . 14 septembre.
Effeuillaison . . . . 28 novembre.

Observations. — L'Aprostaphilo(1) est un cépage de la Grèce, et M. Pulliat l'a aussi reçu de Corfou sous le nom d'Aprostaphilos. Cette variété se millerande beaucoup, et son fruit possède un arrière-goût un peu acidulé, mais non désagréable. Elle demande à être sélectionnée avec soin et il est probable qu'elle se trouverait bien de la taille en cordon.

Crassostaphilo

Description. — *Souche* de vigueur moyenne, à tronc moyen ; écorce se détachant en lanières larges et irrégulières.

Sarments longs, très gros ; mérithalles un peu courts ; ramifications peu nombreuses ; bois peu épais, contenant une moelle abondante ; écorce assez épaisse, à côtes peu accusées ; diaphragmes épais et bien concaves ; sarments herbacés de couleur verdâtre ou vert jaunâtre, rosés du côté de la lumière, surtout au sommet des côtes.

Bourgeonnement d'un aspect blanc roussâtre.

Jeunes feuilles tomenteuses sur les deux faces ; face supérieure devenant rapidement vernissée ; face inférieure restant tomenteuse.

Feuilles adultes grandes, entières ou légèrement trilobées ; sinus pétiolaire toujours fermé, les bords du limbe se recouvrant ; sinus latéraux supérieurs nuls ou peu profonds, les inférieurs nuls ; lobe supérieur peu détaché ; les latéraux non apparents ; dents en deux séries, aiguës, arrondies au sommet, bien saillantes ; limbe épais, rugueux, vaguement tourmenté et un peu gaufré au centre ; face

(1) Le mot Aprostaphilo signifie raisin blanc, et cependant le grain de ce cépage est noir. Nous ne savons à quoi attribuer cette bizarrerie.

supérieure vert foncé et glabre ; face inférieure blanchâtre, garnie de poils floconneux disséminés sur la surface ; limbe long, cylindrique, gros, renflé et comme contourné vers la base, bien rosé supérieurement, formant avec le limbe un angle droit.

Fragment d'une grappe de Crassostaphilo.

Grappe de grandeur moyenne, cylindro-conique, dense et régulière ; pédoncule long, ligneux et fort, pédicelles courts ; bourrelet bien développé ; pinceau petit et coloré.

Grains moyens, cylindriques et assez fermes ; ombilic central ; peau fine d'un noir foncé ; pruine assez abondante ; chair sucrée et juteuse ; saveur un peu acidulée, très agréable.

Analyse du moût

Densité Beaumé à 15°	10
Sucre par litre	171 gr.
Acidité (en SO^4H^2) par litre	7,80

Poids maximum d'un raisin . . . . $0^k,450$

Graines au nombre de 2 généralement.
Maturité de troisième époque.

Epoques de végétation

Débourrement.	6 avril.
Floraison	6 juin.
Maturité.	6 septembre.
Effeuillaison	24 novembre.

Observations. — Le Crassostaphilo (raisin noir) nous est venu de la Grèce. Même soumis à la taille en gobelet, il est très fertile et ne se millerande pas. Ses grappes, d'un très bel aspect, ont une saveur sucrée, très agréablement acidulée.

Crista couleur d'ambre

—

Description. — *Souche* de vigueur moyenne, à tronc assez développé ; écorce se détachant en lanières étroites et longues.

Sarments longs, presque droits, gros ; mérithalles un peu courts ; ramifications peu nombreuses ; bois peu épais, contenant une moelle abondante ; écorce assez épaisse, généralement striée ; diaphragmes à bords non parallèles, très épais d'un côté et presque nuls de l'autre ; sarments herbacés un peu pruinés, de couleur verdâtre, et possédant de loin en loin des taches d'un beau rose vineux.

Bourgeonnement d'un aspect blanchâtre.

Jeunes feuilles tomenteuses, beaucoup plus blanchâtres à la face supérieure qu'à la partie inférieure.

Feuilles adultes un peu petites et entières ; sinus pétiolaire en V ouvert ou fermé ; sinus non apparents ; lobes à peine indiqués par des dents plus longues ; dents en deux séries, aiguës, arrondies, bien saillantes ; limbe vaguement plié en gouttière ; face supérieure vert foncé et

Fragment d'une grappe de Crista couleur d'ambre.

glabre ; face inférieure blanchâtre et assez aranéeuse ; pétiole assez long, cylindrique, coloré au sommet et contourné à la base, formant avec le limbe de la feuille un angle un peu obtus.

Grappe petite, cylindro-conique, dense et bien régulière ; pédoncule assez long, fort, ne se lignifiant pas ; pédicelles courts ; pinceau petit, un peu coloré au sommet.

Grains de grosseur moyenne, sphériques, assez fermes ; ombilic central ; peau épaisse, d'une coloration rouge foncé ; chair juteuse et sucrée ; saveur assez agréable, possédant un arrière-goût un peu acidulé.

Analyse du moût.

Densité Beaumé à 15°	9,7
Sucre par litre	162 gr.
Acidité (en SO^4H^2) par litre	7,66
Poids maximum d'un raisin	0^k,100

Graines au nombre de 2 généralement.
Maturité de troisième époque.

Epoques de végétation

Débourrement.	6 avril.
Floraison	8 juin.
Maturité.	11 septembre.
Effeuillaison	25 novembre.

Observations. — Le Crista couleur d'ambre a été envoyé de la Grèce. Conduit en souche basse, ce cépage est peu productif et assez coulard. Il est probable que les tailles à grand développement lui conviendraient mieux. Sa grappe est petite et son grain possède un goût assez agréablement acidulé.

Guadurea

—

Description. — *Souche* vigoureuse à tronc moyen ; écorce se détachant en lanières courtes et irrégulières.

Sarments longs, un peu sinueux, gros ; mérithalles moyens ; ramifications peu nombreuses ; bois peu épais, contenant une moelle abondante ; écorce assez grossièrement striée ; diaphragmes peu épais et concaves ; sarments herbacés de couleur verdâtre avec quelques bandes longitudinales rosées.

Bourgeonnement d'un aspect duveteux.

Jeunes feuilles très blanchâtres sur les deux faces, la face supérieure se vernissant rapidement.

Feuilles adultes de dimensions moyennes, entières ; sinus pétiolaire en V presque fermé ; sinus latéraux supérieurs rarement marqués, les inférieurs nuls ; lobe supérieur quelquefois mais rarement un peu détaché ; les latéraux jamais apparents ; dents arrondies, obtuses, peu saillantes ; limbe épais, grossièrement gaufré ; face supérieure glabre, d'un vert un peu terne ; face inférieure blanchâtre, présentant des poils aranéeux disséminés sur toute la surface ; limbe court, rosé, peu renflé à la base, formant avec le limbe un angle obtus.

Fragment d'une grappe de Guadurea.

Grappe très allongée, presque cylindrique, lâche, assez régulière ; pédoncule gros, non lignifié ; pédicelles grêles assez allongés ; bourrelet bien développé ; pinceau court et incolore.

Grains sous-moyens, sphériques, fermes ; ombilic central ; peau assez épaisse, rouge violacé à la maturité ; pruine assez abondante ; chair juteuse et sucrée, mais peu agréable.

Analyse du moût

Densité Beaumé à 15°	10
Sucre par litre.	170 gr.
Acidité en (So^4H^2) par litre	6,35
Poids maximum d'un raisin	0^k,430

Graines au nombre de 2 généralement.
Maturité de troisième époque.

Epoques de végétation

Débourrement.	8 avril.
Floraison	7 juin.
Maturité.	6 septembre.
Effeuillaison	24 novembre.

Observations. — M. V. Pulliat (1) donne du Gaidurica de Corfou, qui possède aussi des raisins rouges, une description analogue à celle du Guadurea, et l'on serait tenté de croire que ces deux cépages sont identiques. Mais il n'en est rien : dans le premier le fruit est ellipsoïde, chez le second, au contraire, il est régulièrement sphérique. Enfin, M. V. Pulliat dit que le Gaidurica est un excellent raisin de table, tandis que le Guadurea possède un goût peu agréable. Cette dernière variété, taillée en souche basse, est fertile mais très exposée au millerandage.

(1) V. Pulliat, *loc. cit.* troisième édition, p. 128.

Kechmish aly violet

—

Synonyme. — Kechmish ali Frankenthal (par erreur).

Description. — *Souche* de vigueur moyenne, à tronc peu développé ; écorce se détachant en larges lanières.

Fragment d'une grappe de Kechmish aly violet.

Sarments assez longs, peu coudés, de grosseur moyenne ; mérithalles un peu courts ; ramifications peu nombreuses ; bois peu épais, contenant une moelle abondante ; écorce finement striée ; diaphragmes assez épais et concaves ; sarments herbacés verdâtres, lavés de rouge.

Bourgeonnement d'un aspect gris roussâtre.

Jeunes feuilles roussâtres et presque lisses à la face supérieure ; face inférieure légèrement tomenteuse.

Feuilles adultes moyennes, très nettement quinquelobées ; sinus pétiolaire en U peu ouvert, quelquefois fermé au sommet ; sinus très profonds et arrondis ; lobes très nettement détachés, surtout celui de la partie supérieure ; dents aiguës peu saillantes ; limbe un peu parcheminé, relevé sur les bords ; face supérieure vert peu foncé ; face inférieure vert tendre et glabre ; pétiole assez fort, rosé et renflé à la base, formant avec le limbe un angle droit.

Grappe assez grande, cylindro-conique, régulière, assez dense ; pédoncule assez fort, ligneux à la base ; pinceau court et incolore.

Grains de grosseur moyenne, sphériques ou très légèrement allongés ; peau assez épaisse et de couleur noire ; chair fondante ; saveur sucrée mais peu relevée.

Analyse du moût

Densité Beaumé à 15°	10,3
Sucre par litre	175 gr.
Acidité (en SO^4H^2) par litre.	2,84
Poids maximum d'un raisin	0^k,210

Graines au nombre de 2 à 3 généralement.

Maturité de deuxième époque.

Epoques de végétation

Débourrement.	4 avril.
Floraison	3 juin.
Maturité.	31 août.
Effeuillaison	8 décembre.

Observations. — Le Kechmish aly violet avait tout d'abord été considéré comme identique au Frankenthal, mais ce sont bien deux variétés différentes.

Le Kechmish aly violet est assez vigoureux, fertile, mais son fruit n'a pas un goût très franc.

Mauro daphni

—

Description. — *Souche* de vigueur moyenne à tronc un peu faible ; écorce se détachant en lanières assez larges et courtes.

Sarments assez longs, droits, de grosseur moyenne ;

Fragment d'une grappe de Mauro daphni.

mérithalles moyens ; ramifications peu nombreuses mais fortes ; bois moyennement épais, contenant une moelle assez abondante ; écorce bien striée ; diaphragmes assez épais et concaves ; sarments herbacés de couleur verdâtre, mais colorés, par place et aux nœuds, d'une teinte rose vineux très intense.

Bourgeonnement d'un aspect vert roussâtre.

Jeunes feuilles très découpées et roussâtres sur les deux faces.

Feuilles adultes de dimensions moyennes, quinquelobées ; sinus pétiolaire en V peu ouvert ; sinus latéraux supérieurs profonds, les latéraux moins profonds ; lobe supérieur bien détaché ; les latéraux moins apparents ; dents obtuses, arrondies et saillantes; limbe épais et parcheminé, un peu gaufré vers le centre ; face supérieure vert sombre, avec quelques poils floconneux très rares, disséminés sur la surface ; face inférieure plus claire, avec un tomentum assez abondant ; pétiole un peu grêle, rosé, peu renflé à la base, formant avec le pétiole un angle droit ou aigu.

Grappe courte, cylindrique, peu dense, assez régulière ; pédoncule assez long et grêle ; pédicelles filiformes ; pinceau petit et rosé.

Grains très petits, sphériques ; ombilic central ; peau assez épaisse et rouge foncé ; pruine assez abondante ; chair peu ferme ; saveur non relevée.

Graines au nombre de 1 généralement.

Maturité de troisième époque.

Epoques de végétation

Débourrement.	6 avril.
Floraison	8 juin.
Maturité.	1 septembre.
Effeuillaison	17 novembre.

Observations. — Le Mauro daphni est un cépage de la Grèce dont le fruit est extrêmement curieux. Les grains, très petits, sont presque entièrement remplis par des graines relativement volumineuses. Cette conformation est probablement due à un millerandage constant de la grappe.

Mazzari

—

Description. — *Souche* de vigueur moyenne, à tronc un peu faible ; écorce se détachant en lanières larges et courtes.

Sarments longs, presque droits, gros ; mérithalles moyens ; ramifications peu nombreuses ; bois peu épais, contenant une moelle abondante ; écorce bien striée ; diaphragmes peu épais, presque plats ; sarments herbacés de couleur verdâtre et bien rosés.

Bourgeonnement d'un aspect duveteux.

Jeunes feuilles tomenteuses sur les deux faces, page inférieure blanchâtre ; face inférieure roussâtre et devenant rapidement vernissée.

Feuilles adultes de dimensions moyennes, quinquelobées ; sinus pétiolaire peu ouvert, souvent fermé ; sinus latéraux supérieurs assez profonds, les inférieurs peu marqués ; lobe supérieur assez détaché ; les latéraux presque nuls ; dents obtuses, arrondies, peu proéminentes ; limbe légèrement parcheminé, à bords un peu relevés, finement gaufré ; face supérieure glabre, à nervures très rougeâtres ; face inférieure blanchâtre et tomenteuse ; limbe long, très rosé, renflé à la base, formant avec le limbe un angle droit.

Grappe de grandeur moyenne, cylindrique, un peu ailée, lâche et irrégulière ; pédoncule fort et ligneux ; pédicelles assez longs et moyennement forts ; bourrelet peu développé.

Grains petits, cylindriques, assez fermes ; ombilic central ; peau assez épaisse, d'un noir foncé ; pruine peu abondante ; chair fondante à jus incolore ; saveur assez agréable mais peu relevée.

Graines au nombre de 2 généralement.

Maturité de quatrième époque.

Epoques de végétation

Débourrement.	2 avril.
Floraison	4 juin.
Maturité.	8 septembre.
Effeuillaison	25 novembre.

Observations. — Le nom de Mazzari semblerait indiquer que ce cépage est d'origine italienne, mais cette appellation est due à ce fait qu'il se cultive dans quelques îles de la Grèce où l'on parle l'italien. Cette variété n'a d'ailleurs que peu de valeur ; elle est peu productive, très exposée au millerandage, et son fruit est trop acidulé.

Négria

Description. — *Souche* de faible vigueur à tronc moyen ; écorce se détachant en lanières larges et longues.

Sarments de moyenne longueur, légèrement sinueux, un peu petits ; mérithalles courts ; ramifications peu nombreuses et peu développées ; bois peu épais, contenant une moelle moyennement abondante ; écorce assez épaisse et bien striée ; diaphragmes moyennement épais et concaves ; sarments herbacés, rosés sur toute la longueur, d'une teinte plus claire à hauteur des nœuds.

Bourgeonnement d'un aspect général blanchâtre.

Jeunes feuilles tomenteuses sur les deux faces, la face supérieure s'éclaircissant rapidement pour devenir vernissée.

Feuilles adultes de dimension moyenne, entières ou très légèrement trilobées ; sinus pétiolaire en U bien ouvert ; sinus latéraux supérieurs nuls, ou peu marqués ; les inférieurs nuls ; lobe supérieur à peine détaché ; les latéraux moins apparents ; dents en deux séries, un peu aiguës, assez saillantes ; limbe parcheminé, un peu gaufré ; face supérieure vert foncé et glabre ; face inférieure tomenteuse et blanchâtre ; pétiole long, renflé à la base, rosé au sommet ; formant avec le limbe un angle droit ou obtus.

Fragment d'une grappe de Négria.

Grappe sous-moyenne, cylindrique, un peu ailée, dense et régulière ; pédoncule un peu court, assez fort ; pédicelles petits et courts ; bourrelet pas très développé ; pinceau petit et incolore.

Grains sous-moyens, sphériques ; ombilic central ; peau assez épaisse, de couleur rouge très foncé tirant sur le noir ; pruine assez abondante ; chair ferme et croquante ; saveur assez sucrée mais peu relevée.

Analyse du moût

Densité Beaumé à 15°	10,2
Sucre par litre	173 gr.
Acidité (en SO^4H^2) par litre.	4,54
Poids maximum d'un raisin	0^k,345

Graines au nombre de 2 à 3 généralement.
Maturité de troisième époque.

Epoques de végétation

Débourrement.	9 avril.
Floraison	7 juin.
Maturité.	8 septembre.
Effeuillaison	23 octobre.

Observations. — Le Négria nous est venu de la Grèce, il est assez fertile et peu coulard. Ses grappes, un peu petites, sont du plus bel aspect, mais le goût du fruit est peu relevé.

Pamidi

Description. — *Souche* de bonne vigueur à tronc fort; écorce se détachant en lanières larges et courtes.

Sarments très longs, peu coudés au nœuds, d'une grosseur moyenne; mérithalles moyens; ramifications peu développées mais nombreuses; bois d'épaisseur moyenne, contenant une moelle assez abondante; écorce assez finement striée; diaphragmes assez épais et concaves; sarments herbacés de couleur verdâtre, avec de nombreuses bandes longitudinales d'un rose pâle.

Bourgeonnement d'un aspect général vert blanchâtre.

Jeunes feuilles très tomenteuses sur les deux faces, la face supérieure devenant rapidement lisse.

Feuilles adultes grandes, trilobées ou quinquelobées ; sinus pétiolaire en U généralement ouvert ou fermé supérieurement; sinus latéraux supérieurs assez profonds, les inférieurs peu marqués; lobe supérieur bien détaché;

les latéraux peu accentués ; dents en deux séries, aiguës, assez proéminentes ; limbe mince et parcheminé, un peu relevé sur les bords ; face supérieure vert foncé et glabre ; face inférieure très blanchâtre et tomen teuse ; pétiole long, un peu grêle, rosé et renflé aux deux extrémités, formant avec le limbe un angle très obtus.

Fragment d'une grappe de Pamidi.

Grappe longue, cylindro-conique, peu dense et très régulière ; pédoncule assez fort, rosé, moyennement long, ne se lignifiant pas ; pédicelles courts ; bourrelet assez développé ; pinceau peu développé et incolore.

Grains sous-moyens, sphériques ; ombilic central ; peau assez épaisse, d'un rouge très foncé, presque noir ; pruine moyennement assez abondante ; chair assez ferme, juteuse ; saveur assez sucrée mais un peu âpre.

Analyse du moût

Densité Beaumé à 15°	8,9
Sucre par litre	146 gr.
Acidité (en So^4H^2) par litre.	7,22
Poids maximum d'un raisin	0^k,190

Graines au nombre de 1 à 2 généralement.
Maturité de troisième époque.

Epoques de végétation

Débourrement.	8 avril.
Floraison	6 juin.
Maturité.	6 septembre.
Effeuillaison	28 novembre.

Observations. — Le Pamidi est un cépage de la Grèce qui est vigoureux. Taillé en gobelet, il est fertile mais très millerandé. Il possède un goût un peu âpre qui s'explique par sa richesse en acidité.

Pietro Corinto

—

Synonyme. — Petro corithi.

Description. — *Souche* de forte vigueur à tronc moyen ; écorce se détachant en lanières assez longues mais étroites.

Sarments longs, sensiblement droits et gros ; mérithalles longs ; ramifications fortes et assez nombreuses à la base ; bois moyennement épais, contenant une moelle assez abondante ; écorce finement striée ; diaphragmes assez épais et concaves ; sarments herbacés de couleur verdâtre ou rosés, pruinés.

Bourgeonnement d'un aspect duveteux.

Jeunes feuilles recouvertes sur les deux faces d'un tomentum assez abondant, persistant à la page inférieure, disparaissant tardivement à la partie supérieure.

Fragment d'une grappe de Pietro Corinto.

Feuilles adultes grandes, trilobées, plus rarement quinquelobées ; sinus pétiolaire fermé, les deux bords du limbe se superposant ; sinus latéraux supérieurs assez profonds, les inférieurs nuls ou peu marqués ; lobe inférieur bien détaché ; les latéraux le plus souvent nuls ; dents aiguës, assez saillantes ; limbe un peu épais, bullé au centre ; face supérieure vert sombre et glabre ; face inférieure recouverte d'un tomentum abondant ; pétiole très rosé, renflé et contourné à la base ; limbe formant avec le pétiole un angle droit ou obtus.

Grappe grande, cylindro-conique, moyennement dense,

assez régulière ; pédoncule long, fort, lignifié à la base ; pédicelles moyennement longs.

Grains sous-moyens cylindriques, fermes ; ombilic central quelquefois un peu excentrique ; peau moyennement épaisse, d'un noir assez foncé ; pruine assez abondante ; chair fondante à jus incolore ; saveur assez agréable mais un peu acide.

Analyse du moût

Densité Beaumé à 15°	9,7
Sucre par litre	162 gr.
Acidité (en So^4H^2) par litre.	3,94
Poids maximum d'un raisin	0^k,490

Maturité de troisième époque.

Epoques de végétation

Débourrement.	4 avril.
Floraison	4 juin.
Maturité.	3 septembre.
Effeuillaison	29 novembre.

Observations. — Il existe en Grèce plusieurs variétés de ce cépage, qui nous sont inconnues. Le jardin botanique d'Athènes possède un Petro corithi rouge à grains ronds et un Petro corython rouge à grains oblongs. Celui que nous décrivons est fertile et assez coulard, son fruit présente un bel aspect et possède un goût agréable mais un peu acidulé. Le Pietro corinto est très estimé en Grèce.

Rombola

—

Description. — *Souche* assez vigoureuse à tronc moyen ; écorce se détachant en lanières larges et assez régulières.

Fragment d'une grappe de Rombola.

Sarments longs, un peu sinueux, très gros ; mérithalles de longueur moyenne ; ramifications nombreuses et fortes, surtout vers la base ; bois peu épais, contenant une moelle très abondante ; écorce très finement striée ; diaphragmes peu épais et concaves ; sarments herbacés de couleur jaune verdâtre, assez rarement colorés en rose.

Bourgeonnement d'un aspect duveteux et roussâtre.

Jeunes feuilles roussâtres et blanchâtres sur les deux faces ; mais le tomentum disparaît assez rapidement, surtout à la page supérieure.

Feuilles adultes extrêmement grandes, entières quelquefois, mais très rarement un peu trilobées ; sinus pétiolaire en V bien ouvert ; sinus latéraux supérieurs nuls ou peu marqués, les inférieurs nuls ; lobe supérieur à peine détaché ; les latéraux nuls ; dents aiguës, arrondies, peu saillantes ; limbe vaguement tourmenté, quelquefois un peu gaufré, assez épais ; face supérieure vert foncé et glabre ; face inférieure blanchâtre et recouverte de poils aranéeux ; nervures fortes et rosées au point de départ, pétiole gros et rosé, formant avec le limbe un angle droit et obtus.

Grappe assez longue, cylindrique, très lâche, irrégulière ; pédoncule assez long, non lignifié ; pédicelles longs et grêles ; pinceau peu développé et incolore.

Grains sous-moyens sphériques ; ombilic central ; peau assez épaisse, de couleur rouge très foncé ; chair ferme peu juteuse ; saveur peu sucrée et possédant un goût acerbe assez prononcé.

Analyse du moût

Densité Beaumé à 15°	10,9
Sucre par litre	188 gr.
Acidité (en SO^4H^2) par litre.	7,50
Poids maximum d'un raisin	0^k,170

Graines au nombre de 1 généralement.
Maturité de troisième époque.

Epoques de végétation

Débourrement.	11 avril.
Floraison	13 juin.
Maturité.	17 septembre.
Effeuillaison	8 novembre.

Observations. — Le Rombola, qui est très réputé en Grèce, n'a, pour nous, aucune valeur. Il possède une grappe petite, millerandée, d'une saveur trop acerbe.

Saperavi

—

Synonyme. — Patara Saperavi ? (Comte Odart).

Description. — *Souche* de bonne vigueur, à tronc assez fort ; écorce se détachant en lanières étroites.

Sarments assez longs, un peu coudés aux nœuds, de faible grosseur ; mérithalles moyens ; ramifications assez nombreuses mais grêles ; bois peu épais, contenant une moelle assez abondante ; écorce finement striée ; diaphragmes peu épais et concaves ; sarments herbacés verdâtres et très peu rosés.

Bourgeonnement blanc grisâtre.

Jeunes feuilles recouvertes d'un tomentum qui disparaît assez rapidement à la face supérieure, persistant à la page inférieure.

Feuilles adultes de dimensions moyennes, presque entières, à peine trilobées ; sinus pétiolaire fermé vers le sommet ; sinus latéraux supérieurs ouverts à angle droit ; les inférieurs nuls, lobe supérieur assez nettement détaché ; les latéraux à peine indiqués ; dents aiguës et peu saillantes ; limbe un peu bullé au centre, mince et de consistance parcheminée ; face supérieure vert foncé, avec quelques rares poils aranéeux isolés, disséminés à la surface ; face inférieure très tomenteuse, blanchâtre ; pétiole rosé, renflé à la base, formant avec le limbe un angle obtus.

Grappe moyennement longue, presque cylindrique, très lâche et irrégulière ; pédoncule assez long, lignifié à la base ; pédicelles petits et grêles ; pinceau peu développé et coloré en rose.

Grains sous-moyens, sphériques ou légèrement elli-

Fragment d'une grappe de Saperavi.

psoïdes ; ombilic central ; peau moyennement épaisse, d'un noir foncé ; chair ferme à jus rosé ; saveur agréable, possédant un arrière-goût légèrement acidulé.

Analyse du moût

Densité Beaumé à 15°	11,5
Sucre par litre	202 gr.
Acidité (en So^4H^2) par litre.	6,45
Poids maximum d'un raisin	0^k,255

Graines au nombre de 2 ou 3 généralement.
Maturité de deuxième époque tardive.

Epoques de végétation

Débourrement.	5 avril.
Floraison	3 juin.
Maturité.	31 août.
Effeuillaison	5 novembre.

Observations. — Ce cépage nous a été envoyé de la Palestine. MM. Mas et Pulliat ont reçu du Caucase, par l'intermédiaire de M. le baron de Longueuil, d'abord trois cépages étiquetés sous le nom de Saperavi, puis deux autres du même genre, dénommés Saperavi Krikrina et Saperavi de Kakhétie. « Il résulte de l'étude comparée faite sur ces cinq cépages, que le nom de Saperavi doit être un nom collectif désignant plusieurs variétés d'un même type de vigne, variétés ayant entre elles des caractères analogues (même couleur de fruits, même époque de maturité), mais différant par quelques autres : le mode de végétation, la forme des feuilles, la saveur et la consistance du fruit. » Plus loin, les mêmes auteurs ajoutent : « Les cinq Saperavi dont nous venons de parler nous semblent être tout autre chose que des accidents fixés. Le nº 3, celui que nous reproduisons dans notre dessin, ressemble en tous points au nº 1, dont il ne diffère que par la chair très ferme de son grain, caractère tellement tranché et tellement fixe, qu'il constitue une variété bien déterminée, le Saperavi à chair ferme, qui pourrait bien être le Patara Saperavi du comte Odart, ou quelque chose de très approchant. Quant au Saperavi nº 2, il diffère par une feuille petite et à sinus très ouvert de celle des précédents qui est plus que moyenne et à sinus fermé ou presque fermé ; son raisin est plus court et plus petit. Ce nº 2 nous paraît être synonyme de la variété qui nous est venue indirectement des collections du Luxembourg sous le nom de Didi Saperavi. Le Saperavi Krikrina et le Saperavi de Kakhétie, malgré un air de parenté bien évident, sont parfaitement distincts et se rapprochent assez des nºs 1 et 3, sans que l'on puisse cependant les considérer comme identiques (1) ».

MM. Mas et Pulliat pensent que toutes ces variétés sont cultivées chacune d'elles dans diverses régions du Caucase, mais qu'elles appartiennent toutes au même type. Elles seraient le résultat du semis ou de la sélection (2) faite sur des variétés sauvages qui sont abandonnées à elles-mêmes au milieu des bois.

Nous ne savons exactement quel est celui des 5 types qui correspond à la variété dont nous avons donné la description, mais cette dernière semble inférieure à celui dont parlent MM. Mas et Pulliat. Il est productif et, conduit en gobelet, se millerande beaucoup. La taille en cordon lui conviendrait probablement mieux. Son raisin est assez agréable mais un peu acidulé.

Tavaveri

—

Description. — *Souche* vigoureuse à tronc fort ; écorce se détachant en lanières assez larges.

Sarments longs, droits, d'une grosseur un peu faible ; mérithalles assez longs ; bois peu épais, contenant une moelle abondante ; écorce assez fine, bien striée ; diaphragmes peu épais et concaves ; sarments herbacés jaune verdâtre, peu colorés.

Bourgeonnement d'un blanc grisâtre.

Jeunes feuilles blanchâtres et tomenteuses, surtout à la face inférieure.

Feuilles adultes de dimensions moyennes, entières, un

(1) Mas et Pulliat, *loc. cit.*, tome III, p. 95.

(2) Cette interprétation, qui nous paraît juste dans ce cas particulier, ne saurait être admise pour les exemples très nombreux que nous avons cités, où plusieurs variétés, possédant des caractères opposés, étaient confondues sous un même nom.

peu cordiformes ; sinus pétiolaire en V assez ouvert ; sinus latéraux supérieurs bien marqués, les inférieurs presque nuls ; lobe supérieur indiqué par une dent plus longue ; les latéraux non apparents ; dents aiguës et peu saillantes ; limbe épais, vaguement plié en gouttière et légèrement

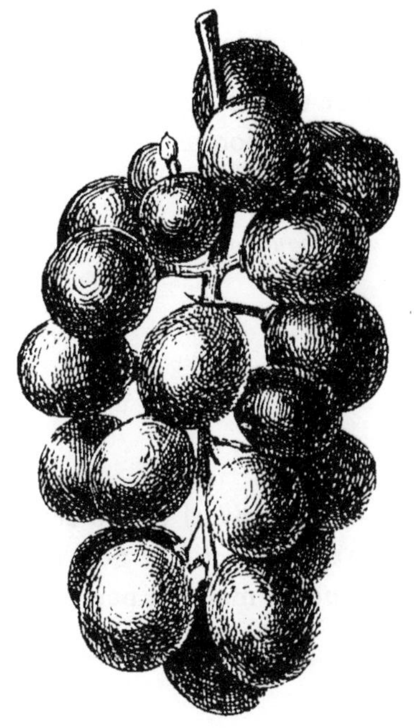

Fragment d'une grappe de Tavaveri.

gaufré ; face supérieure vert foncé et glabre ; face inférieure présentant des poils floconneux sur les nervures et les sous-nervures ; pétiole rosé au sommet et renflé à la base, formant, avec le limbe, un angle obtus.

Grappe assez longue, cylindro-conique, dense et régulière ; pédoncule long, grêle, non lignifié ; pédicelles petits et courts ; bourrelet peu développé ; pinceau court, un peu rosé.

Grains petits, sphériques, quelquefois très elliptiques ; ombilic central ; peau assez épaisse, d'un beau noir à la maturité ; chair fondante et sucrée ; saveur assez agréable, possédant un arrière-goût légèrement acerbe.

Analyse du moût

Densité Beaumé à 15°	11,1
Sucre par litre	194 gr.
Acidité (en So^4H^2) par litre.	5,97
Poids maximum d'un raisin	0^k,155

Graines au nombre de 3 ou 4 généralement.
Maturité de troisième époque.

Epoques de végétation

Débourrement.	24 mars.
Floraison	28 mai.
Maturité.	2 septembre.
Effeuillaison	30 novembre.

Observations. — Le Tavaveri est un cépage de la Palestine. Il est vigoureux, productif, et non coulard. Son fruit possède une saveur sucrée mais un peu acerbe.

RESUME

I

Pour avoir une idée d'ensemble sur la saveur et le volume des fruits des cépages orientaux, nous allons donner un tableau contenant l'analyse de tous les moûts, ainsi que le poids maximum des raisins. Les échantillons nécessaires à ces analyses ont été prélevés en automne 1893.

ANALYSE DU MOUT DE QUELQUES CÉPAGES ORIENTAUX
ET POIDS MAXIMUM DES RAISINS

Noms des cépages	Degrés de l'aréomètre Beaumé à 15°	Grammes de sucre par litre	Acidité par litre exprimée en acide sulfurique	Poids maximum en kilogrammes d'une grappe
Aëtonyki	10,3	175	4,48	0,590
Angulato	9,2	153	5,35	0,625
Aprostaphilo	9,3	154	6,42	0,240
Assoued Kere	9,8	164	5,47	0,340
Corinthe blanc	12,4	220	4,89	0,335
Coristano rouge	9,7	162	5,47	0,590
Crassostaphilo	10,0	171	7,80	0,450
Crista couleur d'ambre	9,7	162	7,66	0,100
Dattier de Beyrouth	9,5	159	5,03	1,200
Dodrelabi	7,4	114	5,47	0,470
Dronkani	8,4	135	4,38	0,290
Egyptien féher	9,7	162	4,07	0,260
Glycostaphyllo	13,1	236	3,28	0,460
Guadurea	10,0	170	6,35	0,430
Karapa pigi	9,4	156	3,50	0,135
Kechmish aly blanc	10,7	183	5,59	
Kechmish aly violet	10,3	175	2,84	0,210
Keropodia	10,9	188	5,03	0,500
Kuristi mici	9,0	148	4,16	0,920
Kustidini	12,5	223	5,69	0,300
Malakoff Isjum	8,0	127	4,92	0,470
Mauvroudion	11,0	192	3,19	0,360
Mavròn	9,0	148	4,42	0,740
Moscovitza	12,2	216	5,00	0,288
Mtzvané	10,5	180	3,42	0,240
Muscat blanc de Grèce	13,0	234	5,03	0,170
Muscat d'Alexandrie	8,4	135	4,81	
Negria	10,2	173	4,54	0,345
Opiman	9,7	162	5,35	0,780
Pamidi	8,9	146	7,22	0,190
Pietro corinto	9,7	162	3,94	0,490
Renard	12,7	228	5,14	0,371
Rhatzitelo	11,1	194	5,89	
Roditès	10,9	188	5,45	0,560
Rombola	10,9	188	7,50	0,170
Rosaki	9,7	162	4,31	0,530
Rouge de Palestine	7,8	122	5,82	0,250
Sabatès	9,9	167	4,59	0,980
Saperavi	11,5	202	6,45	0,255
Schiradzouli	10,7	183	4,59	0,350
Scopelitico	10,8	186	4,31	0,210
Sideritès	11,6	204	4,50	0,405
Sultana à gros grains	9,9	167	3,94	0,215
Sultanina	11,5	203	4,31	0,555
Tavaveri	11,1	194	5,97	0,155
Viestiza	13,1	236	3,72	0,230
Vedi Firen Turki	10,0	169	4,89	0,420
Vigne d'Ascalon	10,8	186	5,60	0,495
Vigne du chien	9,9	167	4,92	0,140
Ygia	10,9	188	5,82	0,475

Nous avons indiqué précédemment (1) qu'il fallait interpréter ces chiffres en se préoccupant de la relation qui peut exister entre eux.

II

Nous allons également résumer, dans un tableau, les époques de végétation de tous les cépages orientaux. Les observations consignées dans ce tableau ont été recueillies pendant le courant de l'année 1893.

(1) Voir page 26.

ÉPOQUES DE VÉGÉTATION DE QUELQUES CÉPAGES ORIENTAUX

Noms des cépages	Débourrement	Floraison	Maturité	Effeuillaison
Adjenet Myskett	28 mars	4 juin	22 août	24 octobre
Aëtonyki	8 avril	8 juin	11 septembre	25 novembre
Angulato	6 avril	6 juin	22 septembre	25 novembre
Aprostaphilo	10 avril	14 juin	14 septembre	28 novembre
Assoued Kere	2 avril	10 juin	31 août	5 novembre
Chaouch	1 avril	2 juin	14 août	12 décembre
Corinthe blanc	6 avril	8 juin	25 août	10 novembre
Coristano rouge	2 avril	6 juin	21 septembre	13 novembre
Crassostaphilo	6 avril	6 juin	6 septembre	24 novembre
Crista couleur d'ambre	6 avril	8 juin	11 septembre	25 novembre
Curisti blanc	2 avril	3 juin	3 septembre	4 décembre
Dodrelabi	2 avril	26 mai	19 septembre	29 novembre
Dronkani	6 avril	5 juin	14 septembre	2 décembre
Egyptien fèher	3 avril	6 juin	25 août	19 novembre
Glycostaphyllo	2 avril	10 juin	21 septembre	30 novembre
Guadurea	8 avril	7 juin	6 septembre	24 novembre
Henab	8 avril	13 juin	27 septembre	5 décembre
Hibron blanc	2 avril	29 mai	2 septembre	24 novembre
Karapa pigi	4 avril	6 juin	6 septembre	15 novembre
Karystino	10 avril	8 juin	11 octobre	30 novembre
Kechmish aly blanc	27 mars	6 juin	22 août	6 décembre
Kechmish aly violet	4 avril	3 juin	31 août	8 décembre
Keropodia	6 avril	4 juin	11 septembre	17 novembre
Korinthi à gros grains	10 avril	10 juin	10 octobre	25 novembre
Kuristi mici	11 avril	12 juin	23 septembre	5 décembre
Kustidini	3 avril	26 mai	4 septembre	1 novembre
Mauro daphni	6 avril	8 juin	1 septembre	17 novembre
Mauvroudion	4 avril	10 juin	6 septembre	23 novembre
Mavron	6 avril	8 juin	3 octobre	6 décembre
Mazzari	2 avril	4 juin	8 septembre	25 novembre
Moscovitza	4 avril	1 juin	25 août	10 novembre
Mtzvané	24 mars	24 mai	31 août	17 novembre
Muscat blanc de Grèce	2 avril	3 juin	20 août	11 novembre
Negria	9 avril	7 juin	8 septembre	23 octobre
Opiman	25 mars	26 mai	14 septembre	6 décembre
Pamidi	8 avril	6 juin	6 septembre	28 novembre
Phraoula	8 avril	10 juin	22 septembre	1 décembre
Pietro corinto	4 avril	4 juin	3 septembre	29 novembre
Piment	8 avril	14 juin	6 octobre	1 décembre
Renard	2 avril	1 juin	3 septembre	16 novembre
Rhatzitelo	1 avril	24 mai	31 août	17 novembre
Roditès	10 avril	8 juin	24 septembre	11 décembre
Rombola	11 avril	13 juin	17 septembre	8 novembre
Rosaki	9 avril	7 juin	31 août	20 novembre
Rouge de Palestine	6 avril		2 septembre	16 novembre
Sabatès	7 avril	6 juin	8 septembre	25 novembre
Saperavi	5 avril	3 juin	31 août	5 novembre
Scopelitico	8 avril	7 juin	6 septembre	7 décembre
Sideritès	6 avril	8 juin	8 octobre	26 novembre
Sultana à gros grains	2 avril	4 juin	1 septembre	9 novembre
Sultanina	4 avril	6 juin	24 août	17 novembre
Tavaveri	24 mars	28 mai	2 septembre	30 novembre
Viestiza	4 avril	6 juin	30 août	28 novembre
Vedi Firen Turki	6 avril	6 juin	24 août	17 novembre
Vigne d'Ascalon	2 avril	6 juin	10 septembre	17 novembre
Vigne du chien	5 avril	3 juin	29 août	30 novembre
Ygia	2 avril	31 mai	31 août	31 octobre

Nous avons vu plus haut (1) que les dates mentionnées indiquaient le début des phases du cycle végétatif et que, par conséquent, il ne fallait pas confondre ces renseignements avec ce qu'on est convenu d'appeler, en ampélographie, l'époque de maturité. Voici d'ailleurs les époques de végétation de quelques cépages français observées la même année que les précédents et qui pourront être pris comme point de comparaison.

Noms des cépages	Débourrement	Floraison	Maturité	Effeuillaison
Chasselas. . . .	2 avril	1 juin	18 aout	22 octobre
Gamay	2 avril	22 mai	27 août	28 novembre
Pinot	2 avril	26 mai	1 septembre	12 novembre
Cabernet-Sauvignon	11 avril	1 juin	1 septembre	1 décembre
Aramon	1 avril	4 juin	8 septembre	25 novembre

En comparant ce tableau au précédent, il est aisé de voir que les cépages orientaux ont en général une maturation tardive. Nous répèterons, en terminant, que la culture des raisins de table tardifs mérite une application plus générale que par le passé. En étudiant avec plus de soins les moyens de transport et de conservation,on pourrait exporter des raisins à l'état frais dans le nord de la France ou même au-delà et créer une spéculation qui procurerait de véritables bénéfices.

(1) Voir page 26.

CONCLUSIONS

I

Si l'on cherche à grouper les cépages dont nous venons de faire l'étude en utilisant à la fois leurs caractères généraux et leur valeur culturale, on arrive bien vite à une classification sensiblement identique à celle que nous avons donnée au début de ce travail, en nous basant uniquement sur l'aspect des grains. Il suffit de jeter un coup d'œil d'ensemble sur chacun de ces groupes pour se convaincre de l'exactitude de ces observations.

Tous les cépages à grains blancs et allongés (gros ou petits) sont les plus avantageux à plusieurs points de vue différents. Ils sont ornementaux, d'une saveur très agréable, et possédent une chair ferme avec une peau épaisse, ce qui leur permet de voyager plus facilement que les autres.

Ceux dont les grains sont sphériques (gros ou petits) ont une saveur généralement exquise, une chair juteuse, une peau fine, et plusieurs d'entre eux se rapprochent de la tribu des Muscats.

Les cépages à grains roses et allongés ont un très bel aspect, mais leur saveur peu relevée les rend propres surtout à l'usage des conserves. Ils constituent, par la forme et la couleur de leur fruit, aussi bien que par les caractères du port, du feuillage et du sarment, le groupe le plus homogène. Cette homogénéité permet d'expliquer l'origine orientale des cépages tels que le Cornichon et quelques autres, qui présentent le même *facies*, mais dont on ne connaît guère la provenance. Les cépages à grains roses et allongés se rapprochent de la tribu des Olivettes.

Enfin, les cépages à grains noirs sont les moins intéressants. Leur fruit se rapproche beaucoup, par la couleur et l'aspect, de nos raisins indigènes, et comme ils n'ont pas été sélectionnés, un grand nombre sont peu productifs. De plus, leur saveur est souvent trop acidulée.

A en juger par ces exemples, il semblerait que les raisins blancs ont une faculté d'adaptation plus grande que les rouges, puisque, parmi ces derniers, il en est de très réputés en Orient, ne nous donnant que des produits de qualité médiocre. Cette observation paraît trouver son explication dans ce fait que les raisins rouges sont généralement moins sucrés et plus riches en acidité que les blancs. Comme la variation dans le taux d'acidité influe considérablement sur le goût du fruit, il en résulte que le moindre écart dans ses proportions, provoqué par le climat ou une cause quelconque, altère le goût du raisin dans un sens ou dans un autre, c'est-à-dire qu'il devient trop fade ou trop acidulé.

II

Nous sommes donc amenés à admettre, — pour ce qui concerne les cépages orientaux, — que c'est vers la culture des raisins blancs qu'il faut se porter. Mais hâtons-nous d'ajouter que ces déductions ne portent que sur un nombre de cépages relativement restreint. Si nous avons indiqué scrupuleusement la valeur de chacune de ces variétés, nous ne pensons pas qu'il faille toujours considérer ce jugement comme définitif lorsqu'il s'applique à des cépages médiocres. Il paraît certain que, si les boutures d'expédition avaient été choisies avec soin et prélevées sur des pieds fertiles, portant des fruits de bonne saveur, plusieurs d'entre eux auraient donné de meilleurs résultats. L'avis des auteurs qui ont écrit sur l'Orient et dont nous avons cité quelques passages, en faisant un rapide historique de la question, au début de ce travail, ainsi que le témoignage de tous les voyageurs qui ont parcouru ces régions, indiquent suffisamment qu'il existe des variétés très méritantes qui n'ont pas été introduites. L'étude des cépages orientaux demanderait à être faite sur place : il faudrait fouiller l'Orient pour y trouver de bons raisins de table, comme on a fouillé l'Amérique pour se procurer des cépages résistant au phylloxéra. Des recherches de ce genre éviteraient les confusions que nous avons trop souvent citées et seraient certainement fécondes en résultats.

APPENDICE

Ma première intention avait été de restreindre ce travail aux indications précédentes, c'est-à-dire uniquement à l'étude des cépages dont j'ai pu faire sur place la description complète. Mais, les cépages orientaux étant très nombreux, il m'a été donné de réunir plusieurs matériaux s'appliquant à des variétés dont il n'a pas été question jusqu'à maintenant.

Plusieurs correspondants français m'ont fourni, avec un zèle auquel je suis heureux de rendre hommage, des indications qui ont leur importance. Je remercie plus particulièrement pour la France MM. Pulliat, Salomon, Besson, etc., et pour l'étranger MM. Calvassy et Sickemberger.

En fouillant dans les ouvrages parus en France, en Russie, en Grèce, etc., j'ai pu recueillir différents documents épars qui, réunis, présentent un certain intérêt. J'ai consulté surtout les ouvrages de MM. Pulliat, H. Marès, le comte Odart, Hermann Gœthe, Staroselsky, Porochovskoj, D. Drutzu, Rassim pacha, etc.

Je ne doute pas qu'au point de vue de la synonymie quelques erreurs involontaires se soient glissées dans les courtes descriptions qui vont suivre, mais le lecteur me les pardonnera en songeant à l'impossibilité dans laquelle j'ai été de vérifier ces renseignements. Malgré cela, ce travail pourra servir d'introduction à une étude plus complète que nous pensons faire quand nos collections seront mieux pourvues.

BIBLIOGRAPHIE

Mas et Pulliat. — Le vignoble, 1874 à 1879.

H. Marès. — Description des cépages principaux de la région méditerranéenne de la France (C. Coulet. Montpellier, 1890).

V. Pulliat. — Mille variétés de vignes. Description et synonymie (C. Coulet. Montpellier, 1884).

Comte Odart. — Ampélographie universelle ou traité des cépages les plus estimés dans tous les vignobles de renom (Tours 1862).

Etienne Salomon. — Catalogue descriptif des cépages cultivés dans les établissements de Etienne Salomon, propriétaire à Thomery (Seine-et-Marne).

Hermann Gœthe — Handbuck der ampelographie Beschreibung und Klassifikation der bis jetzt kultivierten Rebenarten und Trauben-Varietäten mit Angabe ihrer Synonyme, Kulturverhältnisse und Verwendungsart (Berlin. Verlag von Paul Parey, 1887).

Staroselsky. — Cépages de la Transcaucasie. Arrondissements de Schoropansk et Koutaïs du Gouvernement de Koutaïs (1893). Traduction de M. Kravtchenko.

Porochovskoj. — Etude de quelques cépages. Annales du Jardin impérial de Nikita (1893). Traduction de M. Kravtchenko.

Chiriac D. Drutzu. — Untersuchungen über den Weinbau Rumaeniens. Inaugural. Dissertation zur Erlangung der Doctorwürde der hohen philosophischen Fakultät der vereinigten Friedrichs-Universitat Halle-Wittenberg. (Halle a S., 1889).

Rassim pacha. — Tchiftchilik. Ouvrage rédigé en turc et dont la traduction nous a été fournie par M. F. Calvassy.

F. Calvassy. — Rapport sur la viticulture et la vinification du Caza de Becka a-el-Aziz (1888).

B. Taïroff. — Messager vinicole de Saint-Pétersbourg.

P. Gennadios. — L'agriculture grecque.

A. — RAISINS BLANCS

ABYAD. *Syrie.* — Raisin blanc très sucré, donnant du bon vin. Médiocre pour la table (Calvassy).

AGA-DAI. *Caucasie.* — Raisin de cuve blanc à grains petits et ronds (Scharrer).

AIBALTY-ISJUM. *Crimée.* — Feuilles grandes, un peu duveteuses. Grappe grosse, longuement ailée. Grains gros olivoïdes. Maturité de 3° époque. Raisin de table d'une fertilite médiocre (Pulliat).

ALBA. *Roumanie.* — Feuilles quinquelobées recouvertes inférieurement d'un duvet blanc. Grappe allongée. Grains blancs de grosseur moyenne (Drutzu).

ALBISORA. *Roumanie.* — Feuilles grandes et brillantes. Grappe petite, cylindrique et lâche. Grains moyens jaunâtres, faiblement parfumés (Drutzu).

AMASSIA. *Turquie.* — Cépage à grains blancs gros et doux (Rassim pacha).

ANATOLISCHE. *Asie-Mineure.* — Cépage à grains jaunâtres (Dr Entz).

ASSYRISCHE. *Assyrie.* — Cépage à grains blancs (Dr Entz).

ATHIRI. *Rhodes.* — Cépage à grains blancs et ronds (Drakidès).

BELLEDY. *Egypte.* — Grains blancs sphériques doux et aromatiques (Sickemberger).

BIGASSE. *Crimée.* — Cépage très fertile. Grains moyens olivoïdes, blancs verdâtres (Salomon).

BINAOUTI. *Egypte.* — Grains ovales jaunes brunâtres et très petits (Sickemberger).

BLANC DE ZANTE OU ZANTE BLANC. *Grèce.* — Feuilles grandes, légèrement bullées, tomenteuses à la partie inférieure. Sinus pétîolaire fermé. Grains moyens et sphériques, à saveur sucrée peu relevée. Maturité à la fin de la deuxième époque. Ce cépage fertile et vigoureux donne un raisin des plus beaux. La taille en cordon horizontal avec coursons est celle qui lui convient le mieux (Mas et Pulliat).

Bouaki. *Transcaucasie.* — Feuilles faiblement quinquelobées, épaisses et tourmentées. Grains sphériques blancs parsemés de points noirs. Chair fondante. Fertile ; donne un bon vin blanc (Porochovskoj).

Braghina. Poma Rosie. Poma Vulpe. *Roumanie.* — Feuilles profondément quinquelobées, quelquefois extraordinairement grandes, un peu duveteuses à la face inférieure. Grains moyens arrondis, d'un blanc pâle et parfumés. Cépage donnant du bon vin (Drutzu).

Chaback. *Crimée.* — Cépage fertile, à grains ellipsoïdes et blancs (Taïroff).

Chanti. *Caucase.* — Feuilles sur-moyennes à sinus pétiolaire ouvert, face inférieure garnie d'un duvet lanugineux. Grains sous-moyens à chair juteuse assez sucrée, passant au jaune verdâtre à la maturité qui est de 3e époque (Pulliat).

Charka de Nikita. *Russie.* — Feuilles moyennes duveteuses inférieurement. Grappe, sous-moyenne ou grande. Grains moyens, sphériques, d'un jaune d'or à la maturité qui est de 3e époque (Pulliat).

Chisakazi. *Transcaucasie.* — Feuilles grandes tourmentées, profondément quinquelobées. Grains ovoïdes blancs, donnant du bon vin (Porochovskoj).

Chodjaraï. *Transcaucasie.* — Feuilles profondément quinquelobées. Grappe moyenne, lâche, longue et conique. Grains ovoïdes allongés, blanchâtres, à chair fondante et agréable (Porochovskoj).

Cipro bianco. *Chypre.* — Feuilles grandes, glabres sur les deux faces. Grains assez gros, légèrement ellipsoïdes, d'un blanc jaunâtre à la maturité qui est de 3e époque (Pulliat).

Cramposie. *Roumanie.* — Feuilles grandes, trilobées, minces, assez duveteuses à la face inférieure. Grappe très ramifiée. Grains petits, blancs, pas très juteux, avec une peau épaisse (Drutzu).

Damaszener. *Asie-Mineure.* — Raisin de table blanc, à grains très gros et ovales (Trummer).

DONDON. *Transcaucasie.* — Feuilles très grandes, tourmentées, gaufrées. Grappe très grosse ailée, lâche et longue. Grains gros, blancs, à chair ferme et croquante (Porochovskoj).

DZOLIKOORI. *Caucase.* — Feuilles grandes, garnies inférieurement d'un duvet lanugineux. Grappe sous-moyenne, cylindro-conique. Grains moyens globuleux, souvent un peu déprimés, blanchâtres, à chair ferme, juteuse, sucrée et agréable. Maturité de 3e époque (Pulliat).

PAPHLY. *Perse.* — Cépage de fertilité médiocre à grains gros, ovoïdes, blancs ambrés (Salomon).

FAYOUMI. *Egypte.* — Grains blancs ronds et légèrement aromatiques (Sickemberger).

FESLÉYÈNE UZUMU. *Turquie.* — Raisins blancs très odorants (Rassim pacha).

GORDANA ou GORDINA. *Roumanie.* — Feuilles grandes, trilobées, à face inférieure un peu duveteuse. Grains gros, ronds et jaunâtres, donnant un bon vin (Drutzu).

GORIS TOILÉ. *Caucase.* — Feuilles moyennes, à sinus pétiolaire ouvert. Grappe moyenne un peu serrée, cylindro-conique. Grains moyens, légèrement ellipsoïdes, d'un vert teinté de jaune à la maturité (Pulliat).

HABECHI. *Egypte.* — Grains jaunes ellipsoïdes et légèrement aromatiques (Sickemberger).

HUNKIAR BEGUENDI. *Turquie.* — Raisin à grains noirs et pointus (Rassim pacha).

JAKU-ALI. *Caucase.* — Raisin de cuve à grains blancs un peu allongés (Scharrer).

KAKOUR. *Caucase.* — Feuilles moyennes, d'un vert foncé, à sinus pétiolaire un peu ouvert. Grappe moyenne cylindro-conique un peu ailée. Grains jaunes sur-moyens, olivoïdes, irréguliers, un peu incurvés à la façon des grains du Cornichon, à chair ferme, juteuse, un peu acidulée. Maturité de 3e époque tardive (Pulliat).

KAPISTONI. *Transcaucasie.* — Feuilles moyennes à sinus peu marqués. Grappe petite, ailée, moyennement serrée. Grains couleur jaune d'ambre, légèrement pruineux, parsemés de petits points noirs. Pulpe fondante et sucrée (Staroselsky).

KOFOKOVO. *Chypre.* — Cépage étudié à Chypre par M. Mouillefert et se rapprochant beaucoup, suivant cet auteur, du Cornichon blanc.

Kokour blanc. *Crimée.* — Cépage de table et de cuve à grains ellipsoïdes d'un blanc jaunâtre (Taïroff).

Koumlé. *Turquie.* — Cépage à grains gros, blancs et très doux (Rassim pacha).

Koumsa Msouané. *Caucase.* — Feuilles presque orbiculaires, un peu bullées, à sinus pétiolaire le plus souvent fermé. Grains moyens, globuleux, blanchâtres, à chair ferme un peu acidulée. Maturité de 3e époque (Pulliat).

Koundza. *Transcaucasie.* — Feuilles orbiculaires, trilobées, grandes. Grappe conique et serrée. Grains gros, sphériques, de couleur jaune ambré (Staroselsky).

Krachouna. *Transcaucasie.* — Feuilles moyennes quinquelobées, face inférieure vert clair et légèrement duveteuse. Grappe moyenne ailée. Grains jaunes clairs moyens, sphériques, sans pruine (Staroselsky).

Malai. *Caucasie.* — Raisin de cuve blancs à grains moyens et ronds (Scharrer).

Maska. *Transcaucasie.* — Feuilles grandes, quinquelobées, orbiculaires, tourmentées et gaufrées. Grappe grosse, lâche, ailée. Grains blancs, légèrement ovoïdes, très gros, possédant un goût un peu musqué (Porochovskoj).

Melfori. *Caucase.* — Feuilles sur-moyennes, glabres à peu près, sans duvet inférieurement. Grappe grosse, longuement cylindro-conique, ailée. Grains moyens ou sous-moyens, globuleux, blanc verdâtre et légèrement astringent. Maturité de 3e époque (Pulliat).

Miskulé. *Turquie.* — Raisin de table, à grains blancs olivoïdes (Rassim pacha).

Mollah. *Caucasie.* — Raisin de table blanc, à grains ronds et gros (Scharrer).

Moscatofilo. *Thessalie.* — Feuilles grandes, larges, épaisses, glabres sur les deux faces. Grappe grosse, allongée, à grains petits, jaune paille, à goût musqué très accusé (Gos). Ce cépage se rapproche beaucoup du muscat blanc de Grèce que nous avons étudié au début de ce travail.

Muscat de Chypre. *Chypre.* — Cépage ayant beaucoup de rapport avec le Muscat de Rivesaltes (Mouillefert).

Mzchala. *Caucasie.* — Raisin de cuve et de table blanc à grains ronds (Nach. Scharrer).

Obédi. *Syrie.* — Cépage blanc très productif, mais peu riche en sucre (Calvassy).

Paruda. *Caucasie.* — Raisin de cuve blanc, à grains moyens un peu allongés (Nach. Scharrer).

Perknadi. *Thessalie.* — Feuilles grandes, cordiformes, allongées, épaisses, faiblement tourmentées, presque entières. Grappe moyenne, ramassée, grains petits blancs, à peau dure, d'une saveur sucrée (Gos).

Polikaouri. *Transcaucasie.* — Feuilles de dimensions très variables, quinquelobées. Grappe petite et lâche. Grains moyens sphériques, de couleur jaune verdâtre (Staroselsky).

Poma Boeresca. *Roumanie.* — Feuilles moyennes, épaisses et rondes. Grappe courte pyramidale, courte et ramifiée. Grains blancs et gros (Drutzu).

Poma Corna ou Corna alba. *Roumanie.* — Feuilles très grandes, quinquelobées, brillantes et coriaces. Grappe grande, longue, serrée ou lâche. Grains très pulpeux, à peau épaisse et blanchâtre (Drutzu).

Poma creta ou Poma Tirtira. *Roumanie.* — Feuilles petites, quinquelobées, d'un vert jaunâtre. Grappe petite, cylindrique, peu ramifiée. Grains petits, ronds, juteux, à peau mince et blanche (Drutzu).

Poma Galbena. Raisin jaune. *Roumanie.* — Feuilles épaisses et glabres. Grappes grandes et ramifiées. Grains moyens, d'un jaune blanchâtre, exhalant une odeur suave (Drutzu).

Poma grasa. Raisin gros. *Roumanie.* — Feuille grande, vaguement trilobée, mince et vert foncé. Grains grands et jaunes, très odorants (Drutzu).

Poma Mare. Raisin gros. *Roumanie.* — Feuilles moyennes quinquelobées. Grains ronds et blancs (Drutzu).

Poma Mare a Calului. Raisin de cheval. *Roumanie.* — Ce cépage ressemble beaucoup au précédent, mais les grains, qui sont blancs, présentent une teinte plus claire (Drutzu).

POMA NEGRA BULGARA. Raisin de Bulgarie. *Roumanie.* — Feuilles grandes, quinquelobées, très épaisses, coriaces et luisantes. Grappe moyenne et ramifiée. Grains ronds, très gros, blancs et pruinés (Drutzu).

POMA NEGRA FETESCA. *Roumanie.* — Feuilles grandes, épaisses et coriaces. Grains gros ronds et blancs (Drutzu).

POMA PLAVÆ ou POMA SEINA. *Roumanie.* — Feuilles grandes presque entières, peu incisées. Grains gros, ronds, d'un jaune clair, finement ponctués en brun (Drutzu).

POMA TIVDA. *Roumanie.* — Feuilles épaisses, glabres, presque rondes. Grappe grande, lâche et ramifiée. Grains gros, un peu allongés, jaunes (Drutzu).

POMA VERDE. *Roumanie.* — Feuilles sous-moyennes et trilobées. Grappe moyenne et lâche. Grains moyens et blancs (Drutzu).

PSCHIK-JÜSSÜM. *Caucasie.* — Raisin de cuve blanc à grains moyens un peu allongés (Scharrer).

RAISIN DE NIKITA. *Crimée.* — Feuilles sur-moyennes lisses et luisantes supérieurement, glabres inférieurement. Sinus pétiolaire ouvert. Grappe sur-moyenne un peu allongée, assez serrée. Grains sous-moyens globuleux, blanc doré à la maturité qui est de 3e époque tardive (Pulliat).

RISCH-BABA. *Perse.* — Raisin de table blanc, à grains gros et allongés (Scharrer).

SCHACHAN-GURI. *Caucasie.* — Raisin de table blanc, à grains arrondis, grands et effilés (Scharrer).

SÉRÉINI. *Syrie.* — Cépage blanc, peu productif mais sucré (Calvassy).

SHITTAVI. *Egypte.* — Grain blanc ovale (Sickemberger).

SLAVITA. *Roumanie.* — Feuilles grandes, plates, épaisses, profondément quinquelobées. Grains ronds, de grandeur moyenne, à peau épaisse jaunâtre, peu parfumés et juteux (Drutzu).

SOÏAKI. *Transcaucasie.* — Feuilles très grandes, quinquelobées, glabres sur les deux faces. Grains ronds, moyens et jaunâtres, peu parfumés (Porochovskoj).

TACHLY MYSKETT. *Crimée.* — Grains ellipsoïdes, blancs et légèrement musqués (Taïroff).

TAMAIOSA ou BUSUIOCA. *Roumanie.* — Feuilles un peu quinquelobées, grandes et minces. Grappe allongée. Grains assez gros, aplatis vers le sommet, jaunâtres et musqués (Drutzu).

TAV-TSITELA. *Caucase.* — Feuilles moyennes, glabres, à peu près lisses supérieurement, garnies inférieurement d'un duvet lanugineux. Grappe moyenne, longuement cylindro-conique, un peu serrée. Grains moyens, ellipsoïdes, vert jaunâtre. Maturité de 3e époque (Pulliat).

TCHEKIRDÈKSIZ BEYAZ. *Turquie.* — Raisins à grains petits, jaunes, sphériques, juteux, sans pépins, possédant un très bon goût (Rassim pacha).

TCHITILOURI. *Caucase.* — Feuilles moyennes, garnies inférieurement d'un duvet aranéeux, sinus pétiolaire presque fermé. Grappe sur-moyenne ailée. Grains moyens, ellipsoïdes, un peu sucrés, d'un vert jaunâtre. Maturité de 3e époque (Pulliat).

TETRI-KAMOURI. *Transcaucasie.* — Feuilles moyennes, à face inférieure légèrement duveteuse. Grappe grosse et ramifiée. Grains gros et blancs, parsemés de points noirs (Staroselsky).

TILKI CONJROUGOU. *Turquie.* — Raisin blanc à grains allongés. Grappe très longue (Rassim pacha).

TITA. *Transcaucasie.* — Raisin de table blanc à grains gros (Scharrer).

TÈKFOURDAGHI. *Turquie.* — Raisin hâtif à grains pointus et blancs (Rassim pacha).

TSCHINURI. *Transcaucasie.* — Raisin de cuve à grains blancs (Scharrer).

TUJA-TSCHI. *Transcaucasie.* — Feuilles tri ou quinquelobées. Grappe grosse, cylindrique, très serrée. Grains très gros, ovoïdes et blancs (Porochovskoj).

TZITZKD. *Transcaucasie.* — Feuilles avec cinq sinus à peine marqués, face inférieure duveteuse. Grains moyens, sphériques ou légèrement allongés, jaunâtres et pruinés (Staroselsky).

XYNISTERI. *Chypre.* — Feuilles grandes ou moyennes, quinquelobées, aranéeuses en dessous. Grappe simple, allongée, tronconique et lâche. Grains ovoïdes ou ellipsoïdes, d'un vert jaune à la maturité (Mouillefert).

YERLI BEYAZ. *Turquie.* — Raisin à grains ronds, blancs, de grosseur moyenne (Rassim pacha).

Zekroula Khabistoni. *Caucasie.* — Feuilles sur-moyennes, garnies inférieurement d'un duvet aranéeux, sinus pétiolaire ouvert. Grappe moyenne peu serrée. Grains moyens ou sous-moyens ellipsoïdes, sucrés, peu relevés, d'un blanc jaunâtre. Maturité de 2° époque (Pulliat).

B. — RAISINS COLORÉS

ADI SIYAH UZUMU. *Turquie.* Cépage à grain noir pointu, de grosseur moyenne (Rassim pacha).

ALACASTRA. *Turquie.* — Grains rouges clair, ronds, assez gros, à pellicule mince (Rassim pacha).

ALBOURLAH. *Crimée.* — Feuilles grandes, glabres supérieurement, à peu près dépourvues de duvet inférieurement. Grains rouges sur-moyens, ellipsoïdes ; chair ferme et croquante. Maturité de 2e époque. Beau raisin de table (Pulliat).

AMOURGUIANO. *Rhodes.* — Raisin de cuve à grains gros, rouge, et à jus très coloré (Drakidès).

ARGVETOULI-SAPERÉ. *Transcaucasie.* — Feuilles vert foncé, profondément quinquelobées, recouvertes inférieurement d'un duvet jaune grisâtre. Grappe ailée lâche. Grains verdâtres moyens, sphériques ou légèrement oblongs (Staroselsky).

ASKARI. *Transcaucasie.* — Raisin de table et de cuve à grains petits, ronds et rouges (Scharrer).

BUDIN. *Caucasie.* — Raisin de table rouge à grains allongés et cylindriques (Scharrer).

CARCHIOTIS. *Thessalie.* — Feuilles moyennes, un peu allongées, trilobées. Sinus pétiolaire largement ouvert en V. Grappe moyenne oblongue, à grains très serrés, petits, d'une coloration noir intense et d'un goût sucré (Gos).

CHANDU. *Caucasie.* — Raisin de cuve noir à grains petits, allongés et ronds (Scharrer).

CHEMA. *Caucasie.* — Raisin de cuve à grains moyens, ronds, d'un noir foncé (Scharrer).

COCHINOSTAPHYLI. *Thessalie.* — Feuilles grandes, orbiculaires, presque entières, à tomentum blanc, assez épais à la face inférieure. Grains petits, serrés, rouges, sphériques, sucrés, ne contenant pas de graines (Gos).

DACHABA. *Caucasie.* — Raisin de table noir à grain rond et gros (Scharrer).

DARKAIA NOIR syn. RAISIN DE JÉRUSALEM. *Perse.* — Feuilles grandes, aussi larges que longues, presque sans duvet à la page inférieure. Sinus pétiolaire le plus souvent ouvert. Grappe ailée, rameuse, allongée. Peau fine, d'un beau noir pruiné. Chair ferme, juteuse, sucrée, bien relevée. Maturité de 3e époque. Excellent et très beau raisin de table (Mas et Pulliat).

DIDI ANDASAOULI syn. OCHTAOURI. *Caucase.* — Feuilles moyennes d'un vert foncé, garnies inférieurement d'un duvet lanugineux compact. Sinus pétiolaire presque fermé. Grappe un peu lâche, cylindro-conique. Grains moyens, ellipsoïdes, d'un noir foncé pruiné, à chair sucrée et légèrement acidulée. Maturité de 3e époque (Pulliat).

DIMINITIS. *Rhodes.* — Raisin de table à grains moyens, arrondis et noirs (Drakidès).

DOUMROBÉ. *Transcaucasie.* — Feuilles petites, présentant sur les nervures de la face inférieure des poils raides. Grappe petite, très serrée. Grains petits, sphériques et rouges (Porochovskoj).

GAIDURICA. *Corfou.* — Feuilles sur-moyennes ou grandes, face inférieure garnie d'un duvet lanugineux, compact, pileux sur les nervures. Grappe grosse, cylindro-conique, peu ailée. Grains moyens un peu ellipsoïdes, à chair juteuse sucrée, d'un noir rougeâtre bien pruiné. Maturité de 3e époque (Pulliat).

GRADEMIA. *Turquie.* — Cépage productif à grains serrés, oblongs, moyens et noirs (Rassim pacha).

GULABI. *Caucasie.* — Raisin de table à grains ronds et d'une belle couleur rouge.

HANDJEMU. *Perse.* — Raisin rouge et précoce (Scharrer).

HELWANI. *Syrie.* — Raisin de table à grains sphériques très gros, d'une couleur rouge clair (Calvassy).

HOURA. *Turquie.* — Raisin hâtif à grains un peu pointus, noirs, gros, à pellicule fine (Rassim pacha).

HOUSSANG. *Kachemir.* — Cépage à grains longs, rose clair (Salomon).

HUSSEIN. *Caucasie.* — Raisin de table noir, à grains ronds et un peu longs (Scharrer).

ISCHKIMAR. *Transcaucasie.* — Feuilles trilobées, grappe serrée plus large que longue. Grains très gros, allongés, de couleur ordinairement rougeâtre, mais devenant noirs à la complète maturité (Porochovskoj).

KAMOURI. *Caucasie.* — Feuilles moyennes vert foncé, garnies inférieurement d'un duvet lanugineux. Grappe moyenne cylindro-conique, un peu lâche. Grains gris rosés moyens, ellipsoïdes, d'un goût sucré et légèrement acidulé. Maturité de 3e époque (Pulliat).

KARA SCHIRAI. *Caucasie.* — Raisin de cuve à grain noir foncé (Scharrer).

KARAÏ. *Transcaucasie.* — Feuilles grandes entières, presque orbiculaires, parcheminées et chagrinées. Grappe grosse ailée, très serrée. Grains rouges foncés, très gros, ovoïdes.

KAWOURI. *Cachemir.* — Cépage de fertilité médiocre. Grains petits, sphériques, noirs violacés, d'un goût astringent (Salomon).

KCHOZAKI. *Transcaucasie.* — Feuilles quinquelobées. Grappe grosse, ailée, lâche. Grains ovoïdes et rouges (Porochovskoj).

KÉTEHI MEMESSI. *Turquie.* — Cépage productif à grains noirs, moyens et oblongs (Rassim pacha).

KETSCHAM DSCHADSCHA. *Caucasie.* — Raisin de table noir à grains allongés et cylindriques (Scharrer).

KICH UZUMU. *Turquie.* — Cépage productif à grains gros pointus, d'un rouge clair (Rassim pacha).

KIRIK-JÜSÜM. *Caucasie.* — Raisin de cuve rouge à grains ronds.

KOKON. *Caucasie.* — Raisin de table à grains ronds d'un rouge foncé (Scharrer).

KOS-JÜSÜM. *Caucasie.* — Raisin de cuve, noir, à grains petits et ronds (Scharrer).

LAIALI-JAGDONA. *Transcaucasie.* — Feuilles profondément quinquelobées, glabres sur les deux faces. Grappe grosse et lâche. Grains très gros, rouges, ovoïdes ou allongés (Porochovskoj).

MAHALLAOURI. *Egypte.* — Raisin à grains noirs sphériques et pruineux (Sickemberger).

MARATHOPHIKO. *Chypre.* — Cépage à gros grains rouges.

MERLESCA. *Roumanie.* — Feuilles grandes trilobées, face inférieure duveteuse. Grappe lâche pyramidale, ramifiée, grande. Grains petits noirs (Drutzu).

MISKAOURI ISUID. *Egypte.* — Raisin noir à grains sphériques et musqués (Sickemberger).

NAVDAK. *Transcaucasie.* — Feuilles moyennes, tri ou quinquelobées. Grappe très petite, lâche. Grains petits, légèrement allongés ou sphériques. Peau noire et épaisse (Porochovskoj).

NEGRU MOLE ou POMA NEGRA MOLE. *Roumanie.* — Feuilles grandes, profondément tri ou quinquelobées. Grappe longue, lâche, ramifiée. Grains ronds gros, de couleur rouge brun (Drutzu).

NEHÉLESCAL. *Palestine.* — Grains gros, sphériques, rouges. Très fertile (Besson).

ORJELECHI. *Caucase.* — Feuilles légèrement boursouflées, presque orbiculaires, garnies à la page inférieure d'un duvet aranéeux compact et blanchâtre. Grappe moyenne un peu lâche. Grains sous-moyens presque globuleux. Peau épaisse d'un noir foncé, pruiné. Chair sucrée assez relevée. Maturité de 3e époque. Assez fertile, donne un beau raisin (Mas et Pulliat).

OTZCHANOURI-SAPERÉ. *Transcaucasie.* — Feuilles moyennes, trilobées, parcheminées, face inférieure garnie de poils courts. Grappe moyenne ailée très serrée. Grains sphériques petits, très noirs et pruinés (Staroselsky).

PAPASSE CARASSI. *Turquie.* — Raisin à grains ronds et noirs (Rassim pacha).

PHINIKOTE. *Chypre.* — Raisin noir en forme de datte.

POMA NEGRA CRACANA ou POMA BABESCA. *Roumanie.* — Feuilles petites, assez épaisses, d'un vert foncé, brillantes. Grappe grande, pyramidale, lâche. Grains gros arrondis, d'une couleur noire peu foncée (Drutzu).

POMA NEGRA JORDANA. *Roumanie.* — Feuilles grandes glabres, profondément quinquelobées. Grappe serrée, grande. Grains noirs arrondis, moyens, pruinés et parfumés (Drutzu).

POMA NEGRA MUTOSA. *Roumanie.* — Feuilles profondément quinquelobées, assez grandes et glabres. Grappe lâche, cylindrique. Grains noirs gros, assez fortement parfumés (Drutzu).

Poma negra vertosa. *Roumanie.* — Feuilles très grandes quinquelobées, épaisses, coriaces, présentant à la partie inférieure un tomentum abondant. Grappe serrée, longue, cylindrique. Grains gros d'un brun foncé, parfumés (Drutzu).

Poma Turcesca. *Roumanie.* — Feuille petite, assez mince, glabre, plutôt ronde que trilobée. Grappe grande, pyramidale, lâche. Grains ovales et bruns clair (Drutzu).

Pophtalmo. *Chypre.* — Cépage ayant beaucoup de rapports avec le Morastel (Mouillefert).

Raisin rouge musqué de Corfou. — Feuilles moyennes glabres, aranéeuses, à la partie inférieure. Sinus pétiolaire ouvert. Grappe moyenne un peu rameuse. Grains d'un beau rouge, moyens, globuleux, bien sucrés. Maturité de la fin de la 3e époque (Pulliat).

Rko. *Transcaucasie.* — Feuilles moyennes, quinquelobées, à sinus pétiolaire profond. Grappe grosse, serrée. Grains violet foncé (Staroselsky).

Rouge de Zante. *Grèce.* — Feuilles moyennes, lanugineuses à la face inférieure. Grappe sur-moyenne ou grosse, cylindro-conique, ailée. Grains rouge clair, gros, globuleux, sucrés, peu relevés. Maturité de 3e époque (Pulliat).

Rouyi. *Turquie.* — Grains un peu longs, colorés en rose et d'un goût très agréable (Rassim pacha).

Sachovbé. *Transcaucasie.* — Grappe grosse ailée. Grains ovoïdes gros et rouges (Porochovskoj).

Salonikio. *Thessalie.* — Feuilles orbiculaires profondément quinquelobées. Grappe volumineuse à grains gros d'un roux violacé (Gos).

Schavi-Kamouri. *Transcaucasie.* — Feuilles grandes quinquelobées. Grappe grosse, ailée, lâche. Grains noirs ellipsoïdes (Staroselsky). Ce cépage est probablement le même que le Kawouri des collections françaises.

Schiras noir. — Feuilles grandes, glabres, garnies inférieurement d'un duvet lanugineux. Sinus pétiolaire presque fermé. Grappe sur-moyenne très lâche, cylindro-conique. Grains noirs violacés, olivoïdes et sucrés. Maturité de 2e époque (Pulliat).

Sirkoï. *Transcaucasie.* — Feuilles peu profondément quinquelobées. Grappe grosse, conique, ailée. Grains non sphériques, très gros (Porochovskoj).

STAPHILI-MAVRO ou MAVRO. *Chypre.* — Cépage ressemblant beaucoup à l'Aramon et ayant des affinités avec le Barbarossa à feuilles découpées (Mouillefert). Se rapproche par quelques caractères du Mavros dont nous avons donné la description complète.

TAGOVBÉ. *Transcaucasie.* — Ressemble au Teharasse mais possède un grain plus gros et entièrement sphérique.

TCHARASSE. *Transcaucasie.* — Feuilles quinquelobées. Grappe serrée et ramifiée. Grains noirs sphériques ou légèrement allongés (Porochovskoj).

TOKOS. *Grèce.* — Grains sur-moyens, légèrement elliptiques, noirs bleuâtres (Salomon).

TSCHILAKI. *Transcaucasie.* — Feuilles grandes quinquelobées. Grappe serrée et allongée. Grains noirs ovoïdes et déprimés vers le pétiole (Porochovskoj).

VERIKO. *Chypre.* — Feuilles quinquelobées. Grappe longue, ramifiée, lâche. Grains gros, ellipsoïdes, rouges (Mouillefert).

VIGNE SAUVAGE DE LA THESSALIE. — Feuilles moyennes trilobées. Sinus pétiolaire ouvert en V. Grappe petite à grains petits et noirs (Gos).

VLACOS. *Corfou.* — Feuilles moyennes garnies inférieurement d'un duvet lanugineux. Grappe grande, un peu lâche, non ailée. Grains rouge clair ; sur-moyens ovoïdes, assez sucrés. Maturité de 2e époque (Pulliat).

ZAGZANI. *Syrie.* — Cépage noir prolifique mais donnant un vin faible (Calvassy).

ZALÈF. *Turquie.* — Cépage productif à grains serrés, noirs, de grosseur moyenne (Rassim pacha).

ZÉITOUNI. *Syrie.* — Cépage noir, riche en sucre, donnant un excellent vin (Calvassy).

TABLE ALPHABÉTIQUE DES CÉPAGES

ET DE LEURS SYNONYMES (1)

(1) Les noms en italique désignent les synonymes.

R

S

T

TABLE MÉTHODIQUE DES MATIÈRES

FIN

Saint-Amand (Cher). — Imprimerie DESTENAY.

www.ingramcontent.com/pod-product-compliance
Ingram Content Group UK Ltd.
Pitfield, Milton Keynes, MK11 3LW, UK
UKHW021129220726
13924UKWH00004B/1987